全国高职高专规划教材——工学结合教材

网络综合布线技术实训教程

吴中华　主编

中国环境出版社·北京

图书在版编目（CIP）数据

网络综合布线技术实训教程/吴中华主编. —北京：中国环境出版社，2016.3

全国高职高专规划教材. 工学结合教材

ISBN 978-7-5111-2573-6

Ⅰ．①网… Ⅱ．①吴… Ⅲ．①计算机网络—布线—高等职业教育—教材 Ⅳ．①TP393.03

中国版本图书馆 CIP 数据核字（2015）第 235273 号

出 版 人	王新程	
责任编辑	黄晓燕	侯华华
责任校对	尹 芳	
封面设计	宋 瑞	

出版发行　中国环境出版社

　　　　　（100062　北京市东城区广渠门内大街 16 号）

　　　　　网　　址：http://www.cesp.com.cn

　　　　　电子邮箱：bjgl@cesp.com.cn

　　　　　联系电话：010-67112765（编辑管理部）

　　　　　　　　　　010-67112735（环评与监察图书分社）

　　　　　发行热线：010-67125803，010-67113405（传真）

印　　刷　北京市联华印刷厂

经　　销　各地新华书店

版　　次　2016 年 3 月第 1 版

印　　次　2016 年 3 月第 1 次印刷

开　　本　787×960　1/16

印　　张　11.5

字　　数　210 千字

定　　价　21.00 元

编审人员

主　　编　吴中华（南通科技职业学院）

参编人员　朱建东（南通科技职业学院）

　　　　　杨健兵（南通科技职业学院）

　　　　　邓　荣（南通科技职业学院）

　　　　　任　伟（南通科技职业学院）

　　　　　徐海峰（南通科技职业学院）

主　　审　黄　虎（南通博睿计算机网络有限公司）

序　言

　　工学结合人才培养模式经由国内外高职高专院校的具体教学实践与探索，越来越受到教育界和用人单位的肯定和欢迎。国内外职业教育实践证明，工学结合、校企合作是遵循职业教育发展规律，体现职业教育特色的技能型人才培养模式。工学结合、校企合作的生命力就在于工与学的紧密结合和相互促进。在国家对高等应用型人才需求不断提升的大环境下，坚持以就业为导向，在高职高专院校内有效开展结合本校实际的"工学结合"人才培养模式，彻底改变了传统的以学校和课程为中心的教育模式。

　　《全国高职高专规划教材——工学结合教材》丛书是一套高职高专工学结合的课程改革规划教材，是在各高等职业院校积极践行和创新先进职业教育思想和理念，深入推进工学结合、校企合作人才培养模式的大背景下，根据新的教学培养目标和课程标准组织编写而成的。

　　本套丛书是近年来各院校及专业开展工学结合人才培养和教学改革过程中，在课程建设方面取得的实践成果。教材在编写上，以项目化教学为主要方式，课程教学目标与专业人才培养目标紧密贴合，课程内容与岗位职责相融合，旨在培养技术技能型高素质劳动者。

前　言

网络综合布线课程是计算机网络技术、楼宇智能化等相关专业的重要基础课程，也是必修课程之一。为了满足综合布线技术教学实训的需求，根据南通科技职业学院网络工程实训室设备的功能和特点，配合《综合布线系统设计与施工》一书，编写了本实训教程。

本实训教程中的实训是和南通科技职业学院网络工程实训室的实验设备配套使用的，共列举了 25 个实训项目，主要实训包括实验材料与设备的认知、基本操作技能训练和工程项目设计与施工，涵盖了综合布线的工作区子系统、水平子系统、垂直子系统、设备间子系统、管理区子系统等实训内容。通过本书的学习实践，学生将能够胜任综合布线工程中的各个岗位角色。

本实训教程的编写得到了学院教务处领导及信息工程系姜大庆主任的大力支持，同时得到南通博睿计算机网络有限公司黄虎经理的指导，信息工程系网络教研室的朱建东、邓荣、杨健兵、任伟、徐海峰老师参与了繁重的编写工作，在此表示感谢。

编　者

2014 年 12 月

目　录

实训 1　设备与材料的认识实训

一、实训目的及要求

1．认识各类网络传输介质，同轴电缆、UTP 线缆、FTP/STP 线缆、5 类线缆、5e 类线缆、6 类线缆、单模/多模光纤，培养对各种线缆和光缆的正确识别能力。

2．熟悉各种介质的产品性能，主要性能指标，培养对各种产品在不同应用场所使用的正确选择能力。

3．认识 RJ-45 连接器、信息模块、信息插座和 RJ-45 配线架、110 型配线架和光纤连接器，培养对各种连接器件的正确选择能力。

二、实训器材

同轴电缆、UTP 线缆、FTP/STP 线缆、5 类线缆、5e 类线缆、6 类线缆、单模/多模光纤；RJ-45 连接器、信息模块、信息插座、RJ-45 配线架、110 型配线架；SC 型、FC 型、ST 型光纤连接器。

三、实训内容

1．在综合布线实训室演示以下材料：

1）5 类、5e 类和 6 类 UTP 线缆，大对数双绞线（25、50、100），STP 和 FTP 双绞线，室外双绞线。

2）视频线、射频线、电梯专用控制线。

3）单模和多模光纤，室内与室外光纤，单芯与多芯光纤。

4）RJ-45 水晶头、信息模块和免打信息模块，信息插座底盒、面板，24 口 RJ-45 配线架、110 型配线架、电话配线架。

5）ST 头，SC 头，FC 头，光纤耦合器，光纤终端盒，光纤收发器，交换机光纤模块，光电转换器。

6）镀锌线槽及配件（水平三通，弯通，上垂直三通等），PVC 线槽及配件（阴角、阳角等），管，梯形桥架。

7）立式机柜，壁挂式机柜，多媒体配线箱。

8）膨胀螺栓，标记笔，捆扎带，木螺钉，膨胀胶等。

2．在实训室或到网络综合布线工地参观，认识以上材料在工程中的使用。

实训 2　绘制综合布线图

一、实训目的及要求

1．掌握综合布线系统逻辑图、信息点分布图、缆线敷设路由图的绘制。
2．掌握设备材料清单编制。

二、实训器材

Auto CAD 或 Visio。

三、实训内容

1．通过现场勘察了解综合实验楼的建筑结构，仔细研究建筑物平面图。
2．分析用户需求，制定设计标准和设计等级。
3．确定设备间位置，信息点数及分布。
4．绘制布线系统逻辑图，信息点分布图，缆线敷设路由图。
5．根据用户需求和设计等级，确定线缆类型和数量。
6．根据信息点数量确定配线架和信息模块类型和数量。
7．根据 5、6 两项内容确定其他材料和设备。
8．编制设备材料清单。

实训 3 综合布线工程方案设计实训

一、实训目的及要求

1．通过实训掌握综合布线总体方案和各子系统的设计方法，熟悉一种施工图的绘制方法（Auto CAD 或 Visio），设计内容符合《建筑与建筑群综合布线系统工程设计规范》（GBT/T 50311—2000）。

2．掌握设备材料预算方法、工程费用计算方法。

3．培养综合布线工程总体方案的设计能力。

二、实训器材

大楼建筑结构图和施工平面图以及用户需求等资料。

三、实训内容

1．现场勘测校综合实验大楼，从用户处获取用户需求和建筑结构图等资料，掌握大楼建筑结构，熟悉用户需求、确定布线路由和信息点分布。

2．进行总体方案和各子系统的设计。

3．根据建筑结构图和用户需求绘制综合布线路由图，信息点分布图。

4．综合布线材料设备预算。

5．设计方案文档书写。

实训 4 线槽、线管及桥架的安装以及线缆的敷设

一、实训目的及要求

1. 掌握常用布线工具的使用。
2. 了解槽、管、桥架的安装技术，掌握线缆在槽里和梯级桥架上的敷设。
3. 掌握在预埋管中的穿线技术。
4. 掌握垂直子系统中的拉线技术。

二、实训器材

电工工具、冲击钻、滑轮车、梯子、拉线绳，槽、管、梯级桥架及各种组件，双绞线等。

三、实训内容

1. 线槽、管的施工技术

在布线路由确定以后，首先考虑的是线槽铺设，线槽按使用材料分为金属槽、管，塑料（PVC）槽、管。从布槽范围看分为工作间线槽、水平干线线槽，垂直干线线槽。

1）金属管的铺设

（1）金属管的加工要求

综合布线工程使用的金属管应符合设计文件的规定，表面不应有穿孔、裂缝和明显的凹凸不平，内壁应光滑，不允许有锈蚀。在易受机械损伤的地方和在受力较大处直埋时，应采用强度足够的管材。

金属管的加工应符合下列要求：

① 为了防止在穿电缆时划伤电缆，管口应无毛刺和尖锐棱角。

② 为了减小直埋管在沉陷时管口处对电缆的剪切力，金属管口宜做成喇叭形。

③ 金属管在弯制后，不应有裂缝和明显的凹瘪现象。弯曲程度过大，将减小金属管的有效管径，造成敷设电缆困难。

④ 金属管的弯曲半径不应小于所穿入电缆的最小允许弯曲半径。

⑤ 镀锌管镀锌层剥落处应涂防腐漆，可增加使用寿命。

（2）金属管切割套丝

在配管时，应根据实际需要长度，对管子进行切割。管子的切割可使用钢锯、管子切割刀或电动切管机，严禁用气割。管子和管子连接，管子和接线盒、配线箱的连接，都需要在管子端部进行套丝。焊接钢管套丝，可用管子绞板（俗称代丝）或电动套丝机。硬塑料管套丝，可用圆丝板。套丝时，先将管子在管压钳架上固定压紧，然后再套丝，若利用电动套丝机，可提高工效。套完丝后，应随时清扫管口，将管口端面和内壁的毛刺用锉刀锉光，使管口保持光滑，以免割破线缆绝缘护套。

（3）金属管弯曲

在敷设金属管时应尽量减少弯头。每根金属管的弯头不应超过 3 个，直角弯头不应超过 2 个，且不应有 S 弯出现。弯头过多，将造成穿放电缆困难。对于较大截面的电缆不允许有弯头。当实际施工中不能满足要求时，可采用内径较大的管子或在适当部位设置拉线盒，以利于线缆的穿设。金属管的弯曲一般都用弯管器进行。先将管子需要弯曲部位的前段放在弯管器内，焊缝放在弯曲方向背面或侧面，以防管子弯扁，然后用脚踩住管子，手扳弯管器进行弯曲，并逐步移动弯管器，直到得到所需要的弯度，弯曲半径应符合下列要求：

明配时，一般不小于管外径的 6 倍；只有一个弯时，可不小于管外径的 4 倍；整排钢管在转弯处，宜弯成同心圆的弯儿。

暗配时，不应小于管外径的 6 倍，敷设于地下或混凝土楼板内时，不应小于管外径的 10 倍。

（4）金属管的连接应符合下列要求

金属管连接应牢固，密封应良好，两管口应对准。套接的短套管或带螺纹的管接头的长度不应小于金属管外径的 2.2 倍。金属管的连接采用短套接时，施工简单方便；采用管接头螺纹连接则较为美观，保证金属管连接后的强度。无论采用哪种方式均应保证牢固、密封。金属管进入信息插座的接线盒后，暗埋管可用焊接固定，管口进入盒的露出长度应小于 5 mm。明设管应用锁紧螺母或管帽固定，露出锁紧螺母的丝扣为 2～4 扣。引至配线间的金属管管口位置，应便于与线缆连接。并列敷设的金属管管口应排列有序，便于识别。

金属管的暗设应符合下列要求：

预埋在墙体中间的金属管内径不宜超过 50 mm，楼板中的管径宜为 15～25 mm，直线布管 30 m 处设置暗线盒。敷设在混凝土、水泥里的金属管，其地基应坚实、平整、不应有沉陷，以保证敷设后的线缆安全运行。金属管连接时，管孔应对准，接缝应严密，不得有水和泥浆渗入。管孔对准无错位，以免影响管路的有效管理，保证敷设线缆时穿设顺利。金属管道应有不小于 0.1%的排水坡度。建筑群之间金属管的埋没深度不应小于 0.8 m；在人行道下面敷设时，不应小于0.5 m。金属管内应安置牵引线或拉线。金属管的两端应有标记，表示建筑物、楼层、房间和长度。

金属管明敷时应符合下列要求：

金属管应用卡子固定。这种固定方式较为美观，且在需要拆卸时方便拆卸。金属的支持点间距，有要求时应按照规定设计。无设计要求时不应超过 3 m。在距接线盒 0.3 m 处，用管卡将管子固定。在弯头的地方，弯头两边也应用管卡固定。

光缆与电缆同管敷设时，应在暗管内预置塑料子管。将光缆敷设在子管内，使光缆和电缆分开布放。子管的内径应为光缆外径的 2.5 倍。

2）金属槽的铺设

金属桥架多由厚度为 0.4～1.5 mm 的钢板制成。与传统桥架相比，具有结构轻、强度高、外形美观、无须焊接、不易变形、连接款式新颖、安装方便等特点，它是敷设线缆的理想配套装置。金属桥架分为槽式和梯式两类。槽式桥架是指由整块钢板弯制成的槽形部件，梯式桥架是指由侧边与若干个横档组成的梯形部件。桥架附件是用于直线段之间，直线段与弯通之间连接所必需的连接固定或补充直线段、弯通功能部件。支吊架是指直接支承桥架的部件。它包括托臂、立柱、立柱底座、吊架以及其他固定用支架。

为了防止金属桥架腐蚀，其表面可采用电镀锌、烤漆、喷涂粉末、热浸镀锌、镀镍锌合金纯化处理或采用不锈钢板。我们可以根据工程环境、重要性和耐久性，选择适宜的防腐处理方式。一般腐蚀较轻的环境可采用镀锌冷轧钢板桥架；腐蚀较强的环境可采用镀镍锌合金纯化处理桥架，也可采用不锈钢桥架。综合布线中所用线缆的性能，对环境有一定的要求。为此，我们在工程中常选用有盖无孔型槽式桥架（简称线槽）。

（1）线槽安装要求

安装线槽应在土建工程基本结束以后，与其他管道（如风管、给排水管）同步进行，也可比其他管道稍迟一段时间安装。但应尽量避免在装饰工程结束以后进行安装，造成敷设线缆的困难。安装线槽应符合下列要求：

线槽安装位置应符合施工图规定，左右偏差视环境而定，最大不超过 50 mm。

线槽水平度每米偏差不应超过 2 mm。

垂直线槽应与地面保持垂直，并无倾斜现象，垂直度偏差不应超过 3 mm。

线槽节与节间用接头连接板拼接，螺丝应拧紧。两线槽拼接处水平偏差不应超过 2 mm。

当直线段桥架超过 30 m 或跨越建筑物时，应有伸缩缝。其连接宜采用伸缩连接板。

线槽转弯半径不应小于其槽内的线缆最小允许弯曲半径的最大者。

盖板应紧固，并且要错位盖槽板。

支吊架应保持垂直、整齐牢固、无歪斜现象。

为了防止电磁干扰，宜用辫式铜带把线槽连接到其经过的设备间，或楼层配线间的接地装置上，并保持良好的电气连接。

（2）水平子系统线缆敷设支撑保护要求

埋金属线槽支撑保护要求：

① 在建筑物中预埋线槽可为不同的尺寸，按一层或二层设备，应至少预埋两根以上，线槽截面高度不宜超过 25 mm。

② 线槽直埋长度超过 15 m 或在线槽路由交叉、转变时宜设置拉线盒，以便布放线缆和维护。

③ 接线盒盖应能开启，并与地面齐平，盒盖处应采取防水措施。

④ 线槽宜采用金属引入分线盒内。

设置线槽支撑保护要求：

水平敷设时，支撑间距为 1.5～2 m，垂直敷设时固定在建筑物构体上的间距宜小于 2 m。金属线槽敷设时，在下列情况下设置支架或吊架。

——线槽接头处；

——间距 1.5～2 m；

——离开线槽两端口 0.50 m 处；

——转弯处。

线槽底固定点间距一般为 1 m。

在活动地板下敷设线缆时，活动地板内净空不应小于 150 mm。如果活动地板内作为通风系统的风道使用时，地板内净高不应小于 300 mm。

采用公用立柱作为吊顶支撑柱时，可在立柱中布放线缆。立柱支撑点宜避开沟槽和线槽位置，支撑应牢固。

在工作区的信息点位置和线缆敷设方式未定的情况下，或在工作区采用地毯下布放线缆时，在工作区宜设置交接箱，每个交接箱的服务面积约为 80 m²。

不同种类的线缆布放在金属线槽内，应同槽分室（用金属板隔开）布放。

3）PVC 塑料管的铺设

PVC 管一般是在工作区暗埋线槽，操作时要注意两点：

管转弯时，弯曲半径要大，便于穿线。

管内穿线不宜太多，要留有 50%以上的空间。

4）塑料槽的铺设

塑料槽的规格有多种，塑料槽的铺设从理论上讲类似于金属槽，但操作上有所不同。具体表现为三种方式：

——在天花板吊顶打吊杆或托式桥架。

——在天花板吊顶外采用托架桥架铺设。

——在天花板吊顶外采用托架加配定槽铺设。

采用托架时，一般在 1 m 左右安装一个托架。

固定槽时一般 1 m 左右安装固定点。固定点是指把槽固定的地方，根据槽的大小：

① 25 mm×20 mm～25 mm×30 mm 规格的槽，一个固定点应有 2～3 个固定螺丝，并水平排列。

② 25 mm×30 mm 以上的规格槽，一个固定点应有 3～4 个固定螺丝，呈梯形状，使槽受力点分散分布。

除固定点外应每隔 1 m 左右钻 2 个孔，用双绞线穿入，待布线结束后，把所布的双绞线捆扎起来。

水平干线、垂直干线布槽的方法是一样的，差别在于一个是横布槽一个是竖布槽。

在水平干线与工作区交接处，不易施工时，可采用金属软管（蛇皮管）或塑料软管连接。槽管大小选择的计算公式为：

$$n=槽（管）截面积×70\%×（40\%～50\%）/线缆截面积$$

式中：n——用户所要安装的线缆数；

70%——布线标准规定允许的空间；

40%～50%——线缆之间浪费的空间。

2．线缆施工技术

1）布线工程开工前的准备工作

网络工程经过调研，确定方案后，下一步就是工程的实施，而工程实施的第一步就是开工前的准备工作，要求做到以下几点：

①　设计综合布线实际施工图，确定布线的走向位置，供施工人员、督导人员和主管人员使用。

②　备料。网络工程施工过程需要许多施工材料，这些材料有的必须在开工前就备好料，有的可以在开工过程中备料。主要有以下几种：

光缆、双绞线、插座、信息模块、服务器、稳压电源、集线器等落实购货厂商，并确定提货日期；不同规格的塑料槽板、PVC 防火管、蛇皮管、自攻螺丝等布线用料就位；如果机柜是集中供电，则准备好导线、铁管和制订好电器设备安全措施（供电线路必须按民用建筑标准规范进行）。

③　向工程单位提交开工报告。

2）施工过程中要注意的事项

施工现场督导人员要认真负责，及时处理施工进程中出现的各种情况，协调处理各方意见。

如果现场施工碰到不可预见的问题，应及时向工程单位汇报，并提出解决办法供工程单位当场研究解决，以免影响工程进度。

对工程单位计划不周的问题，要及时妥善解决。

对工程单位新增加的点要及时在施工图中反映出来。

对部分场地或工段要及时进行阶段检查验收，确保工程质量。

制订工程进度表。

在制订工程进度表时，要留有余地，还要考虑其他工程施工时可能对本工程带来的影响，避免出现不能按时完工、交工的问题。

3）路由选择技术

两点间最短的距离是直线，但对于布线来说，它不一定就是最好、最佳的路由。在选择最容易布线的路由时，要考虑便于施工，便于操作，即使花费更多的线缆也要这样做。对一个有经验的安装者来说，"宁可使用额外的 1 000 m 线缆，也不使用额外的 100 工时"，通常线要比劳力费用便宜。

如何布线要根据建筑结构及用户的要求来决定。选择好的路径时，布线设计人员要考虑以下几点：

——了解建筑物的结构

——检查拉（牵引）线

——确定现有线缆的位置

——提供线缆支撑

——拉线速度的考虑

——最大拉力

拉力过大，线缆变形，将引起线缆传输性能下降。线缆最大允许的拉力如下：

——一根 4 对线电缆，拉力为 100N；

——二根 4 对线电缆，拉力为 150N；

——三根 4 对线电缆，拉力为 200N；

n 根线电缆，拉力为 $n\times50N+50N$；不管多少根线对电缆，最大拉力都不能超过 400N。

4）线缆牵引技术

用一条拉线（通常是一条绳）或一条软钢丝绳将线缆牵引穿过墙壁管路、天花板和地板管。标准的"4 对"线缆很轻，通常不要求做更多的准备，只要将它们用电工带子与拉绳捆扎在一起就行了。

如果牵引多条"4 对"线穿过一条路由，可用下列方法：

① 将多条线缆聚集成一束，并使它们的末端对齐。

② 用电工带或胶布紧绕在线缆束外面，在末端外绕 50～100 mm 长距离就行了。

③ 将拉绳穿过电工带缠好的线缆，并打好结。

如果在拉线缆过程中，连接点散开了，则要收回线缆和拉绳重新制作更牢固的连接，为此，可以采取下列一些措施：

① 除去一些绝缘层以暴露出 50～100 mm 的裸线。

② 将裸线分成两条。

③ 将两条导线互相缠绕起来形成环。

5）建筑物主干线电缆连接技术

主干缆是建筑物的主要线缆，它为从设备间到每层楼上的管理间之间传输信号提供通路。在新的建筑物中，通常有竖井通道。

在竖井中敷设主干缆一般有两种方式：

——向下垂放电缆；

——向上牵引电缆。

相比较而言，向下垂放比向上牵引容易。

6）建筑群间电缆线布线技术

在建筑群中敷设线缆，一般采用两种方法，即地下管道敷设和架空敷设。

（1）管道内敷设线缆。在管道中敷设线缆时，有三种情况：

——小孔到小孔；

——在小孔间的直线敷设；

——沿着拐弯处敷设。

可用人和机器来敷设线缆，到底采用哪种方法依赖于多个因素：

——管道中有没有其他线缆；

——管道中有多少拐弯；

——线缆有多粗和多重。

（2）架空敷设线缆

架空线缆敷设时，一般步骤如下：

① 电杆以 30～50 m 的间隔距离为宜；

② 根据线缆的质量选择钢丝绳，一般选 8 芯钢丝绳；

③ 先接好钢丝绳；

④ 架设光缆；

⑤ 每隔 0.5 m 架一挂钩。

7）建筑物内水平布线技术

建筑物内水平布线，可选用天花板、暗道、墙壁线槽等形式，在决定采用哪种方法之前，到施工现场，进行比较，从中选择一种最佳的施工方案。

（1）暗道布线

确定布线施工方案。

影响建筑物的美观。

拉线端，从管道的另一端牵引拉线就可将缆线达到配线间。

（2）天花板顶内布线

水平布线最常用的方法是在天花板吊顶内布线。具体施工步骤如下：

① 确定布线路由；

② 沿着所设计的路由，打开天花板；

③ 假设要布放 24 条 4 对的线缆，到每个信息插座安装孔有两条线缆；

④ 可将线缆箱放在一起并使线缆接管嘴向上。每组有 6 个线缆箱，共有 4 组；

⑤ 加标注。在箱上写标注，在线缆的末端注上标号；

⑥ 在离管理间最远的一端开始，拉到管理间；

⑦ 墙壁线槽布线。

在墙壁上布线一般遵循下列步骤：

① 确定布线路由；

② 沿着路由方向放线（讲究直线美观）。

实训 5　RJ-45 水晶头的制作

一、实训目的及要求

1. 认识 RJ-45 水晶头，掌握 RJ-45 水晶头的制作工艺及操作规程，培养熟练制作各种跳线的能力及对各种跳线的选择使用的能力。

2. 学习了解测线器的各端口及指示灯的功能，培养正确使用测线器对 UTP 双绞线跳线进行通断及线序测试的能力。

二、实训器材

5 类 UTP 线缆 100 m，8 芯 RJ-45 水晶头 100 个，剥线器 40 个，压线钳 40 把，测线器 20 个。

三、实训内容

1. 介绍 UPT 线缆制作工具，剥线器、压线钳的使用方法。

2. 学习制作 568A/568B 直通线、交叉线、控制线（反转线）。

（1）RJ-45 水晶头制作

RJ-45 水晶头由金属片和塑料构成，制作网线所需要的 RJ-45 水晶接头前端有 8 个凹槽，简称"8P"。

凹槽内的金属触点共有 8 个，简称"8C"，因此业界对此有"8P8C"的别称。特别需要注意的是，RJ-45 水晶头引脚序号，当金属片面对我们的时候从左至右引脚序号是 1—8，序号对于网络连线非常重要，不能搞错。

双绞线的最大传输距离为 100 m。如果要加大传输距离，在两段双绞线之间可安装中继器，最多可安装 4 个中继器。如安装 4 个中继器连接 5 个网段，则最大传输距离可达 500 m。

EIA/TIA 的布线标准中规定了两种双绞线的线序：568A 和 568B。

568A 标准：

绿白—1，绿—2，橙白—3，蓝—4，蓝白—5，橙—6，棕白—7，棕—8

568B 标准：

橙白—1，橙—2，绿白—3，蓝—4，蓝白—5，绿—6，棕白—7，棕—8

为了保持最佳的兼容性，普遍采用 EIA/TIA 568B 来制作网线。

制作步骤如下：

步骤 1：利用斜口锉剪下所需要的双绞线长度,至少 0.6 m,最多不超过 100 m。然后再利用双绞线剥线器将双绞线的外皮除去 2～3 cm。有一些双绞线电缆上含有一条柔软的尼龙绳，如果在剥除双绞线的外皮时，觉得裸露出的部分太短，而不利于制作 RJ-45 接头时，可以紧握双绞线外皮，再捏住尼龙线往外皮的下方剥开，就可以得到较长的裸露线，如图 5-1 所示。

图 5-1　双绞线剥线

步骤 2：剥线完成后的双绞线电缆如图 5-2 所示。

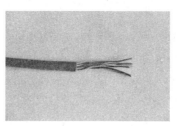

图 5-2　双绞线剥线完成示意

步骤 3：接下来就要进行拨线的操作。将裸露的双绞线中的橙色对线拨向自己的前方，棕色对线拨向自己的方向，绿色对线拨向左方，蓝色对线拨向右方，如图 5-3 所示。上：橙、左：绿、下：棕、右：蓝。

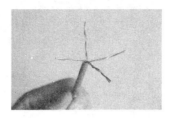

图 5-3　双绞线拨线示意

步骤 4：将绿色对线与蓝色对线放在中间位置，而橙色对线与棕色对线保持不动，即放在靠外的位置，如图 5-4 所示。

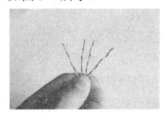

图 5-4　双绞线线序调整顺序示意

调整线序为以下顺序：

左一：橙、左二：蓝、左三：绿、左四：棕。

步骤 5：小心地剥开每一对线，白色混线朝前。因为我们是遵循 EIA/TIA 568B 的标准来制作接头，所以线对颜色是有一定顺序的，如图 5-5 所示。

图 5-5　双绞线接头线序示意

需要特别注意的是，绿色条线应该跨越蓝色对线。这里最容易犯错的地方就是将白绿线与绿线相邻放在一起，这样会造成串扰，使传输效率降低。

左起：白橙/橙/白绿/蓝/白蓝/绿/白棕/棕，常见的错误接法是将绿色线放到第 4 只脚的位置，如图 5-6 所示。

图 5-6　常见错误双绞线接法示意

将绿色线放在第 6 只脚的位置才是正确的，因为在 100BaseT 网络中，第 3 只脚与第 6 只脚是同一对的，所以需要使用同一对残（见标准 EIA/TIA 568B）。左起：白橙/橙/白绿/蓝/白蓝/绿/白棕/棕。

步骤 6：将裸露出的双绞线用剪刀或斜口钳剪下只剩约 13 mm 的长度，之所以留下这个长度是为了符合 EIA/TIA 568B 的标准，可以参考有关用 RJ-45 接头和双绞线制作标准的介绍。最后再将双绞线的每一根线依序放入 RJ-45 接头的引脚内，第一只引脚内应该放白橙色的线，其余类推，如图 5-7 所示。

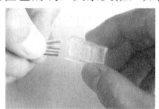

图 5-7　双绞线放入 RJ-45 接头引脚内

步骤 7：确定双绞线的每根线已经正确放置之后，就可以用 RJ-45 压线钳压接 RJ-45 接头，如图 5-8 所示。市面上还有一种 RJ-45 接头的保护套，可以防止接头在拉扯时造成接触不良。使用这种保护套时，需要在压接 RJ-45 接头之前就将这种胶套插在双绞线电缆上，如图 5-8 所示。

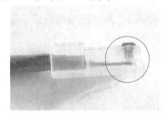

图 5-8　检查双绞线是否超过了金属管

（2）直通线的制作：双绞线的两端都按照 EIA/TIA 568B 标准制作水晶头，操作步骤同（1），直通线应用在两个异性设备端口的连接（计算机—交换机/路由器）。

（3）交叉线的制作：双绞线的一端按照 EIA/TIA 568B 标准制作水晶头，另一端按照 EIA/TIA 568A 标准制作，操作步骤同（1），交叉线应用在两个同性设备端口的连接（计算机—计算机、交换机—交换机）。

（4）控制线的制作：双绞线的一端按照 EIA/TIA 568B 标准制作水晶头（实际上可以任意排线序），另一端按完全相反线序排列，应用在路由器或交换机的 console 口与计算机的 RS232 串口的连接。

测线器的使用及各种线缆的通断和线序测试。

测线器的端口：BNC 口，RJ-11 口，RJ-45 口。

测线器的指示灯：通则主端和远端对应指示灯都亮，在测直通线时，指示灯应按 1—8 的顺序依次闪亮，如有不亮，则不通，如果远端灯亮顺序不对，则说明线序不对。在测交叉线时，主端按 1—8 的顺序依次闪亮，远端则按 3-6-1-4-5-2-7-8 的顺序闪亮。如有灯不亮则不通，如灯亮顺序不对，则有线序不对。测控制线时，主端按 1—8，远端按 8—1 依次闪亮，否则说明线序不对，如有不亮，则不通。

实训 6　RJ-45 信息模块的压接与信息插座的安装

一、实训目的及要求

1．认识 RJ-45 信息模块、信息面板、信息插座底盒；学会按照 EIA/TIA 568A 与 EIA/TIA 568B 的色标排线序。

2．认识学习单打线器的使用方法和安全注意事项，掌握双绞线和 RJ-45 信息模块的压接方法，培养正确进行 RJ-45 模块压接的能力。

3．掌握嵌入式和表面信息插座的安装方法。

二、实训器材

5 类 RJ-45 信息插座模块 40 个，单孔信息插座面板 40 个，信息插座底盒 40 个，打线器 20 把。

三、实训内容

1．信息插座的安装要求

地面安装：要有盖板，接线盒盖可开启，并有严密防水、防尘措施。

墙面安装：宜高出地面 300 mm。

2．信息模块的端接要求

屏蔽双绞电缆的屏蔽层与连接硬件端接处的屏蔽罩必须保持良好接触。线缆屏蔽层应与连接硬件屏蔽罩 360°圆周接触，接触长度不小于 10 mm。

3．4 对双绞电缆连接到信息插座的操作步骤

（1）将信息插座上的螺丝拧开，然后将端接夹拉出。

（2）从底盒中将双绞线拉出约 20 cm。

（3）用扁口钳从双绞线上剥除 10 cm 的外护套。

（4）将导线穿过信息插座底部的孔。

（5）将导线压到合适的槽中。

（6）使用扁口钳将导线的末端割断。

（7）将端接夹放回并用拇指稳稳压下。

（8）重新组装信息插座，将分开的盖和底座扣在一起，再将连接螺丝拧上。

（9）用螺丝将组装好的信息插座拧到接线盒上。

4．双绞线与 RJ-45 信息模块的压接

（1）双绞线从布线底盒中拉出，剪至合适的长度。

（2）用剥线钳剥除双绞线的绝缘层包皮 2～3 cm。

（3）将信息模块置入掌上防护装置中。

（4）分开 4 个线对，但线对之间不要拆开，按照信息模块上所指示的线序，稍稍用力将导线一一置入相应的线槽内。

（5）将打线工具的刀口对准信息模块上的线槽和导线，带刀刃的一侧向外，垂直向下用力，听到"喀"的一声，模块外多余的线被剪断。重复该操作，将 8 条导线一一打入相应颜色的线槽中。如果多余的线不能被剪断，可调节打线工具上的旋钮，调整冲击压力。

（6）将塑料防尘片沿缺口穿入双绞线，并固定在信息模块上。双手压紧防尘片，模块端接完成。

（7）将信息面板的外扣盖取下，将信息模块对准信息面板上的槽扣轻轻压入，再将信息面板用螺丝钉固定在信息插座的底盒上，最后将外扣盖扣上。

实训 7　RJ-45 配线架的端接与安装

一、实训目的及要求

1. 认识 RJ-45 配线架的结构、色标和线序排列方法。
2. 认识多对模块打线器，掌握其正确操作方式。
3. 掌握 RJ-45 配线架的安装方法，培养对 RJ-45 配线架的正确端接能力和安装技能。

二、实训器材

RJ-45 多对模块，RJ-45 配线架，多对模块打线器 10 把，UPT 线缆 20 m，剥线器 20 把，软跳线 20 条。

三、实训内容

（1）通过不同产品的介绍，认识各种 RJ-45 配线架，观察色标，按照标准进行排线。

（2）认识多对模块打线器的结构，使用多对模块打线器进行 RJ-45 配线架的安装。

（3）配线架的端接：

① 在配线架上安装理线器，用于支撑和理顺过多的电缆。

② 利用压线钳将线缆剪至合适的长度。

③ 利用剥线钳剥除双绞线的绝缘层包皮。

④ 依据所执行的标准和配线架的类型，将双绞线的 4 对线按照正确的颜色顺序一一分开。注意，千万不要将线对拆开。

⑤ 根据配线架上所指示的颜色，将导线一一置入线槽。最后，将 4 个线对全部置入线槽。

⑥ 利用多对模块打线器进行打线，端接配线架与双绞线。

⑦ 重复第②步至第⑥步的操作，端接其他双绞线。

⑧ 将线缆理顺，并利用尼龙扎带将双绞线与理线器固定在一起。

⑨ 利用尖嘴钳整理扎带。配线架端接完成。

实训 8　全塑电缆结构、色谱认识及线序编排

准备知识

1．全塑电缆及其结构

电缆的芯线绝缘层、缆芯包带层、扎带和护套均采用高分子聚合物塑料制成的电缆称为全塑市内通信电缆。全塑电缆在结构上主要由缆芯（由芯线、芯线绝缘、缆芯绝缘、缆芯扎带及包带层等组成）、屏蔽层、护套和外护层构成。

2．电缆型号及识别

电缆型号是识别电缆规格程式和用途的代号。按照用途、芯线结构、导线材料、绝缘材料、护层材料、外护层材料等，分别用不同的汉语拼音字母和数字来表示，称为电缆型号。如下图所示：

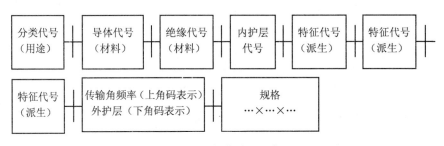

图 8-1　电缆型号示意

[示例]HYA—100×2×0.5 表示铜芯、实心聚烯烃绝缘、涂塑铝带粘结屏蔽、容量 100 对、对绞式、线径为 0.5 mm 的市内通信全塑电缆。

3．全色谱的含义

全色谱是指电缆中的任何一对芯线，都可以通过各级单位的扎带颜色以及线对的颜色来识别，换句话说给出线号就可以找出线对，拿出线对就可以说出线号。

4．色谱：采用十种颜色（领示色表示 a 线、循环色表示 b 线）

a 线：白、红、黑、黄、紫

b 线：蓝、橘、绿、棕、灰

对绞线对中各包含一根 a 线和一根 b 线，循环成 25 对为一个子单位。色谱依次为：

表 8-1　电缆线对色谱

线对编号	1	2	3	4	5	6	7	8	9	10	11	12	13
a 线 b 线	白蓝	白橘	白绿	白棕	白灰	红蓝	红橘	红绿	红棕	红灰	黑蓝	黑橘	黑绿
线对编号	14	15	16	17	18	19	20	21	22	23	24	25	
a 线 b 线	黑棕	黑灰	黄蓝	黄橘	黄绿	黄棕	黄灰	紫蓝	紫橘	紫绿	紫棕	紫灰	

25 对基本单位结构如图 8-2：

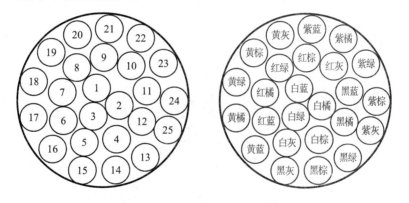

图 8-2　25 对基本单位

50 对的单位称超单位，它是由 2 个 25 对基本单位[或含有两个 12 对和两个 13 对的子单位，即 2×（12+13）对]组成或 5 个 10 对基本单位组成。

100 对超单位是由 4 个 25（4×25）对的基本单位或 10 个 10（10×10）对的基本单位组成。

5. 备用线对及其色谱

为了保证成品电缆具有完好的标称对数，100 对及以上的全色谱单位式电缆中设置备用线对（又叫作预备线对），其数量均为标称对数的 1%，最多不超过 6 对（其中 0.32 及以下线径最多不超过 10 对），备用线对作为一个预备单位或单独线对置于缆芯的间隙中。其线序和色谱如下表：

表 8-2　备用线对色谱

线序	1	2	3	4	5	6	7	8	9	10
色谱	白红	白黑	白黄	白紫	红黑	红黄	红紫	黑黄	黑紫	黄紫

6. 全塑电缆的扎带色谱

全塑电缆的线对色谱只包含了 25 对线对，在超过 25 对线对时，如何区分电缆中所有的线对，便引入了"扎带"这一概念，扎带是区分线缆中不同线对单元的一条塑料丝带，依据十种颜色的不同组合，跟全塑电缆的色谱一样，分为白蓝、白橘、白绿、白棕、白灰、红蓝、红橘、红绿、红棕、红灰等共 25 种色谱，用来区分线缆中的基本单位、子单位或超单位。

110 解决方案

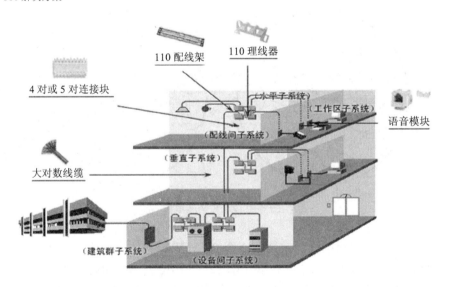

图 8-3　大厦电话网络配线示意

一、实训目的及要求

1. 熟悉全塑全色谱电缆在综合布线系统中的使用场所及全塑电缆的构造。
2. 认识全塑全色谱电缆的色谱规律。
3. 能根据色谱判断线序，能根据线序判断色谱。
4. 能准确、熟练地编排全塑电缆芯线线序。

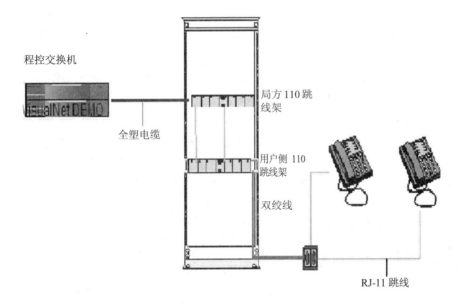

图 8-4　集团电话构成示意

图 8-5　全塑电缆

二、实训器材

实训器材主要包括：HYAT-10×2（10 对电缆）、HYAT-100×2（100 对电缆）、开缆工具（开缆刀、电工刀、剪刀）、旧电缆绝缘芯线。

三、实训内容和步骤

1. 识别电缆型号：依据电缆厂家说明书、电缆盘标记或电缆外护层上的白色印记进行识别。

2. 拗正、固定电缆：电缆一定要顺直、严禁造成扭绞，影响传输性能。

3. 开剥电缆：正确使用开缆刀开剥电缆，注意开口长度（一定要谨慎，注意不要伤及芯线、不得造成芯线散把）。

4. 利用扎带区分各超单位（100 对或 50 对）并将其按规范要求扎紧。

5. 编排电缆芯线：使用旧电缆绝缘芯线对刚开剥的电缆芯线进行编线，5 对一组、25 对一个循环，编线要紧、间隔均匀、工艺美观整齐，注意不得漏线、错线。编好后一定要注意检查。

6. 先采用 HYAT-10×2（10 对电缆）进行练习、后采用 HYAT-100×2（100 对电缆）进行强化。

7. 分辨和正确识别芯线色谱及线序，达到熟练程度。

四、思考题

1. 如何快速、准确地依据扎带和芯线色谱识别电缆芯线线序？

2. 简要说明你是怎样识别 HYAT-100×2×0.4 电缆芯线 1～100 线序的？

3. 假定由 100 对超单位绞制成 2400 对缆芯的全塑市内通信电缆，说明 1111 对线在哪个超单位和基本单位，扎带和线对颜色是什么？

4. 工程实践中如何正确判别电缆传输的 A 端、B 端？

实训 9 110 型配线架的端接

一、实训目的及要求

认识 110 型配线架的结构,学习掌握大对数电缆及 UTP5e 类线缆的打线顺序。

二、实训器材

双绞线、全塑电缆、110 型配线架、110 连接块、剥线器、剪刀、110 专用打线器等。

图 9-1 110 连接块

图 9-2 110 型配线架

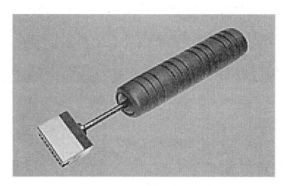

图 9-3　110 专用打线器

三、实训内容

1. 将超五类线缆或大对数线缆从 110 型配线架的穿线耳内穿入并保留合适长度。剥除线缆外皮。

2. 按色标顺序自左向右接线。在接线时不要把线对绞对全部打开，只需按对应颜色用手将线压入齿形槽。

3. 用 110 专用打线器将线卡接在模块上，打线器要保持和模块垂直，倾斜不大于 5°。用力向下压至听到清脆的响声，以保证卡接到位。

4. 将所有线缆依次打入，直到完成（见图 9-4）。

图 9-4　110 型配线架端接

所有 110 型配线架，对于同一接口的进线和出线均采用表 8-1 所示的色标顺序打线，值得注意的是四对线或者五对线中每对线的交叉色线均卡在左边（如图 9-5 所示）。

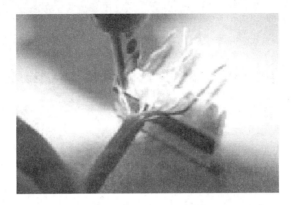

图 9-5　单对打线刀使用

110 型配线架的线缆安装效果见图 9-6。

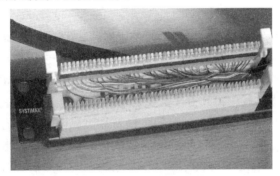

图 9-6　线缆安装效果

实训 10　全塑电缆的扣式接续

知识准备

1. 全塑电缆芯线接续是全塑电缆敷设施工中的一个重要组成部分，在质量上要求较高。必须接续可靠和长时期保持应有的性能，以保证通信畅通；要求施工有较高的效率、劳动强度低、操作简便、易于掌握；要求工料费少；适合架空、直埋或管道等各种使用场合。

全塑电缆芯线接续技术主要采用接线子压接法。如美国（3M 公司）生产的扣式接线子与模块式接线子的接线法；英国（BICC 公司、EGERTON 公司）生产的套管式（B 型）与槽式（6 号）接线子接线法；日本生产使用的销钉式接线子接线法等；我国全塑电缆芯线的接续方法主要采用扣式接线子和模块式接线子接续法。

纽扣式接线子主要由扣体、上盖和金属刀片组成，扣体内的硅油有较强的防潮防腐性能。接续时，电缆的接续长度、接线子的排列都要按电缆的型号、芯径以及接线子的型号来确定，接线时注意不要散线，线芯要插到纽扣接线子底部，否则容易造成断线障碍。

电缆芯线接续质量的好坏，直接影响整个电缆的使用寿命和传输质量。纽扣式接线子一般适用于 200 对以下大对数电缆。本实训主要介绍纽扣式接线子接续的操作方法及标准要求。通过实训，应熟练掌握大对数电缆纽扣式接线子接续方法及标准要求，保证无障碍线对，并且达到一定的速度要求。

2. 接线子的型号分类必须符合原邮电部标准《市内通信电缆接线子》（YD334—87）的规定，其型号编写方法如图 10-1 所示。

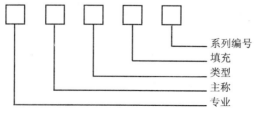

图 10-1　接线子型号编号方法

接线子形式分类见表 10-10：

表 10-1 接线子形式分类

有无填充	代号	
型号 接线子名称	不含防潮填充剂	含防潮填充剂
纽扣式接线子	HJK	HJKT
锁套型接线子	HJX	—
齿型接线子	HJC	—
块式接线子	HJM	HJMT

3．全塑电缆芯线接续的一般规定为：

（1）电缆芯线接续前，应保证气闭良好（填充型电缆除外），并应核对电缆程式、对数，检查端别，如有不符合规定者应及时返修，合格后方可进行电缆接续。

（2）全塑电缆芯线接续必须采用压接法，不得采用扭接法。

（3）电缆芯线的直接、复接线序必须与设计要求相符，全色谱电缆必须色谱、色带对应接续。

（4）电缆芯线接续不应产生混线、断线、地气、串音及接触不良，接续后应保证电缆的标称对数全部合格。

（5）填充型全塑电缆的清洗应使用专用清洗剂。

4．扣式接线子（HJK）接续法是我国广泛采用的小对数全塑全色谱电缆芯线接续方式。扣式接线子外形如图 10-2 所示，它由三部分组成：扣身、扣帽、U 形卡接片。

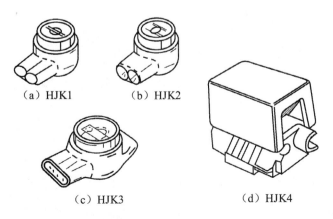

（a）HJK1　　　　（b）HJK2
（c）HJK3　　　　（d）HJK4

图 10-2 扣式接线子外形

5. 国产扣式接线子的程式及使用范围如表 10-2 所示。

表 10-2　国产扣式接线子的程式及使用范围

规格型号	接线型式	连接片型式	使用范围	
			聚烯烃塑料绝缘	
			绝缘层最大外径/mm	填充或非填充聚烯烃塑料绝缘电缆/mm
HJK1	二线接续	单式	1.52	—
HJKT1				0.4~0.5
HJK2	二线接续	双式	1.80	—
HJKT2				0.4~0.9
HJK3	三线或二线接续	双式		—
HJKT3			1.67	0.4~0.5
HJK4	不中断线路复接	单式		
HJKT4			1.27	0.4~0.9
HJKT5	不中断线路复接	双式	1.67	0.4~0.9

6. 扣式接线子压接钳。

扣式接线子压接时，为了保证接续良好，要求将待接续的接线子完全放入钳口内，钳口要平行夹住接线子扣盖和扣身上下两个平面，钳口张合时应完全平行不可偏斜。压接钳如图 10-3 所示。

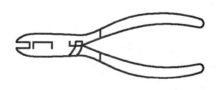

图 10-3　扣式接线子压接钳

一、实训目的及要求

了解纽扣式接线子的结构及规格型号。

掌握纽扣式接线子的基本接续方法。

二、实训器材

专用接线钳、电工刀、斜口钳、小铁锤、盒尺、纽扣式接线子、大对数电缆等。

图 10-4　专用接线钳

三、实训内容

1. 扣式接线子接续方法一般适用于 300 对以下电缆，或在大对数电缆中接续分歧电缆。

2. 全塑电缆接续长度及扣式接线子的排数应根据电缆对数、电缆直径及封合套管的规格等来确定。接线子排列及接续长度见表 10-3。

表 10-3　接线子排列及接续长度

电缆对数/对	接线子排数	接续长度/mm
25	2～3	149～160
50	3	180～300
100	4	300～400
200	5	300～450
300	6	400～500

3. 直接口与分歧接口接续步骤如下：

（1）根据电缆对数、接线子排数，电缆芯线留长应不小于接续长度的 1.5 倍。

（2）剥开电缆护套后，按色谱挑出第一个超单位线束，将其他超单位线束折回电缆两侧，临时用包带捆扎，以便操作，将第一个超单位线束编好线序。

（3）把待接续单位的局方及用户侧的第一对线（4 根），或三端（复接、6 根）芯线在接续扭线点疏扭 3～4 花，留长 5 cm，对齐剪去多余部分，要求四根导线平直、无钩弯。A 线与 A 线、B 线与 B 线压接。

（4）将芯线插入接线子进线孔内[直接口：两根 A 线（或 B 线）插入二线接线孔内。复接：将三根 A 线（或 B 线）插入三线接线孔内]。必须观察芯线是否插到底。

（5）芯线插好后，将接线子放置在压接钳钳口中，可先用压接钳压一下扣帽，观察接线子扣帽是否平行压入扣身并与壳体齐平，然后再一次压接到底。用力要均匀，扣帽要压实压平，如有异常，可重新压接。

（6）压接后用手轻拉一下芯线，防止压接时芯线跑出没有压牢。扣式接线子接续如图 10-5 所示。

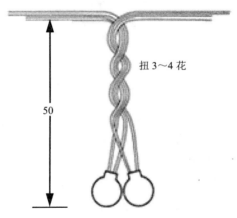

图 10-5　扣式接线子接续

芯线接续尺寸，直接口如图 10-6 所示，分歧接口如图 10-7 所示。

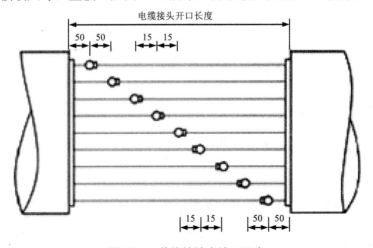

图 10-6　芯线接续直接口示意

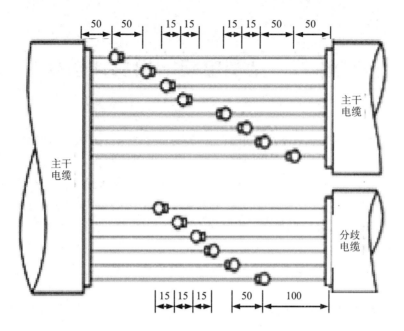

图 10-7　芯线接续分歧接口示意

4．芯线的掏线搭接（T 字形接）步骤。

（1）将直通电缆芯线从 4 型或 5 型接线子侧面凹进的开口线槽套入，将扣式接线子在芯线上滑动，使扣式接线子悬挂在芯线上并放在预掏线的位置上。

（2）将被搭接的电缆芯线插入 4 型或 5 型扣式接线子半通的进线孔内，通过透明的扣帽检查芯线位置及色谱，确认无误后预压扣帽，使接线子在芯线上固定。

（3）选用压接钳进行正式压接。

（4）电缆芯线的掏线搭接，常用在电缆装设分线设备的接头中。

四、思考题

1．纽扣式接线子的接续原理、主要种类和使用场合。

2．纽扣式接线子的接线操作步骤。

3．扣式接线子接续规定有哪些？

实训 11　全塑电缆的模块式接续

随着大对数全塑全色谱市话电缆的广泛使用，对于芯线接续的质量要求、可测性、接头体积、接续速度及防潮性能都提出了更新、更高的要求，而 25 对接线模块正是能满足这些新的要求的理想接续器。它把单体接线子的特点集中于在一个集合式的接续模型中，利用手动液压工具——模块接线器（即模块机）的压接，一次就能完成 25 对芯线的接续。

用于模块接续的工具模块接线器简单易用，不需要任何外来动力，如气源、电源等。同时，为了保证接续质量，压接工具内备有模块接续后断线测试夹。

一、实训目的及要求

1. 了解模块接线器和模块接线子的构造。
2. 掌握模块接线子的安装和使用方法。
3. 掌握使用模块接线器进行线芯接续的操作步骤及标准要求。

二、实训器材

模块式接线子、模块式接线器、电工刀、剪刀、尖嘴钳、斜口钳、钢丝钳、大对数电缆等。

三、实训内容

剥开电缆护套，将所有的芯线按超单位色谱分好线束，将色谱所扎带扎在离电缆切口 2 cm，扎带余长 2 cm。按模块排列的数量及接续长度，将电缆固定。

从局侧电缆（B 端）找出应接的基本单位，按色谱线对序号排列，逐对放入模块接线器的定位槽内。线对由定位槽分开 a 线 b 线，通过分隔片，把线对卡在底板的线槽内，卡入线槽内的余长线对卡入定位弹簧内。

全部线对卡入底板线槽及定位弹簧后，用检线梳检查 a 线 b 线之间是否有跳线；a 线 b 线在线槽内是不是有颠倒。

通过检线梳检查无误后，将主板颜色与底板对齐，用两手按住盖板中央向两侧轻轻按压，使模块吻合。

用同样的方法将用户侧线对按色谱序号分别卡入主板线槽内。

将盖板叠加在主板上，盖板切角与主板切角对齐，用两手按住盖板中央向两侧轻轻按压，使模块吻合。

将手动液压器的夹具，装在机动头，并使加压板垂直于模块的盖板上。加压时，旋紧气闭旋钮，上下驱动手柄，听到液压器发出"唧唧"声后，再加压两次，即压接完毕。

从定位弹簧上拆下残余线对。注意不要一次将剩余线对全部拆下，以免损坏定位弹簧。

拆下压接夹具，拆时首先松动压接夹具主体上的气闭旋钮，加压板自动复位后，旋紧气闭旋钮。把压接夹具向机头前方转动，从机头上卸下压接夹具，同时向后上方推动已压接完的模块前部，卸下压接模块，并在模块盖板上标上线缆线序号。

依次将所有线芯压接在模块上，并用线绳扎紧，以免模块松散。

实训 12 全塑电缆在电缆交接箱内的成端制作与安装

电缆交接箱是电缆线路中不可缺少的配线设备，本实训将介绍电缆交接箱内电缆的成端制作与安装。

一、实训目的及要求

了解大对数电缆在电缆交接箱内的成端制作与安装。

二、实训器材

电缆交接箱、大对数电缆、塑料胶带、电工刀、剪刀、螺丝刀、钢丝钳、尖嘴钳等。

三、实训内容

1. 根据交接箱的内部结构，交接箱的安装方式、电缆成端安装应余留长度确定电缆的开剥长度。

开剥电缆外护层。在电缆切口端开剥好屏蔽线，并固定好。

2. 用钢丝钳压接好屏蔽线，用胶带包扎好。

3. 把备用线理好，并盘绕在电缆外护层接口处。

4. 成端线把编扎。用宽胶带从屏蔽线连接处的电缆外层开始缠扎。线把出线距离与接线模块对齐理顺。例如，一出线为 25 对线缆，按线序号由大到小依次出线，在同一侧面并成一条直线。

5. 将线扎固定在固定架上，然后将屏蔽线连接在箱体的接地装置上。

6. 用基本单位色带稀缠本出线 20 cm 长。作为模块排与箱体之间或线把固定架之间的余留线。

7. 成端跳线操作，按电缆芯线色谱序号穿进模块反面的相应的序号端帽里，每穿完 50 对或 100 对后，用螺丝刀插进端帽按顺时针旋转 90°截断多余线。

四、注意事项

1. 制作成端时要计算好电缆长度。
2. 编扎线把时要记住分线时按由大到小的芯线序号进行。
3. 线把固定处与模块间一定要留有余线。

实训 13　光纤的端接与熔接

一、实训目的及要求

1．认识各种光纤连接器，了解光纤熔接机的保养与维护，学习光纤配线盒的安装标准。

2．掌握光纤的切割技术。

3．学习熔接机的操作，掌握光纤熔接技术。

二、实训器材

单模/多模光纤若干，光纤连接器，光纤耦合器，光纤剥线钳，光纤切割机，光纤熔接机等。

三、实训内容

1．认识光纤熔接机和切割机。

2．ST 连接器互联的步骤。

1）清洁 ST 连接器。

拿下 ST 连接器头上的黑色保护帽，用蘸有酒精的医用棉花轻轻擦拭连接器头。

2）清洁耦合器。

摘下耦合器两端的红色保护帽，用蘸有酒精的杆状清洁器穿过耦合孔擦拭耦合器内部以除去其中的碎片，如图 13-1 所示。

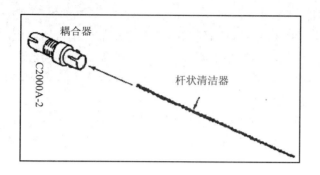

图 13-1 用杆状清洁器擦拭耦合器内部

3）使用罐装气，吹去耦合器内部的灰尘，如图 13-2 所示。

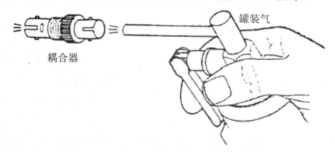

图 13-2 使用罐装气吹去耦合器内部的灰尘

4）将 ST 连接器插到一个耦合器中。

将连接器的头插入耦合器一端，耦合器上的突起对准连接器槽口，插入后扭转连接器使其锁定，如果经测试发现光能量损耗较高，则需摘下连接器并用罐装气重新净化耦合器，然后再插入 ST 连接器。在耦合器端插入 ST 连接器，要确保两个连接器的端面与耦合器中的端面接触上，如图 13-3 所示。

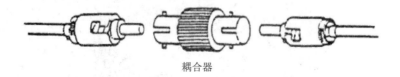

图 13-3 将 ST 连接器插到一个耦合器

注意：每次重新安装时要用罐装气吹去耦合器的灰尘，并用蘸有酒精的棉花擦净 ST 连接器。

5）重复以上步骤，直到所有的 ST 连接器都插入耦合器为止。

应注意，若一次来不及装上所有的 ST 连接器，则连接器头上要盖上黑色保护帽，而耦合器空白端或一端（有一端已插上连接器头的情况）要盖上保护帽。

3．光纤熔接步骤。

1）开缆。对于室外光纤，首先将黑色光缆外表去皮 1 m 左右，露出里面的光纤。对于室内光纤，则可用剥线器除去外保护套。接下来可用光纤剥线钳剥除光纤紧缩层 3～5 cm。

2）去除光纤涂覆层。用光纤剥线钳除去光纤涂覆层 2 cm 左右，将光纤穿上热缩管。用蘸有无水酒精的医用酒精棉清洁光纤。

3）切割。打开光纤切割器的压盖，将光纤放入对应的槽中，置于 15 mm 刻度处，盖上压盖片，按下操作柄进行切割。

4）光纤熔接。接通光纤熔接机电源，出现待机画面后，打开防风罩，将切割后的光纤放置在光纤夹具压板下合适的位置，盖上夹具压板。按同样的操作放置另一侧光纤。盖上防风罩，按下"开始"键，进行自动熔接。

5）测试接头损耗（熔接机自动）。熔接结束后，机器估算出熔接损耗并显示在 LCD 监视器上，如果显示 LOSS＞0.04dB 则表明熔接过程发生了故障。

6）接头保护。取出已熔接好的光纤，将热缩管滑到熔接点，置于加热器中，确保热缩管处于加热器中部，具套中加强芯朝下。盖上加热器盖子。按下"加热"键，听到"嘟嘟"声时，从加热器中取出光纤即可。待全部光纤都熔接完成，将要端接部分安放在光纤端接盒中，盘好并安放到相应线缆槽中。

光纤熔接步骤图解：

（1）准备好熔接需用到的工具

图 13-4　光纤熔接工具

（2）将光纤穿过光纤收容箱

图 13-5　将光纤穿过光纤收容箱

（3）光纤熔接的准备工作

步骤 1　光纤加固钢丝（约剥 1 m 长）。

图 13-6　剥光纤加固钢丝

步骤 2　分离出加固钢丝。

图 13-7　分离出加固钢丝

步骤 3　用钢丝钳剪断光纤加固钢丝。

图 13-8　剪断光纤加固钢丝

步骤 4　剥光纤外层包皮（约剥 1 m 长）。

图 13-9　剥光纤外层包皮

步骤 5　用美工刀将光纤的外保护层去掉，由于光纤线芯是用玻璃或塑料制作的，所以千万小心，不要损伤光纤线芯。

图 13-10　用美工刀去除光纤的外保护层

步骤 6 轻折光纤外保护层，注意弯曲度不要太大，以免损伤纤芯。

图 13-11 轻折光纤外保护层

步骤 7 用美工刀在光纤护套四周轻刻一周，注意用力不要太大，以免损伤光纤。

图 13-12 用美工刀轻刻光纤护套四周一圈

步骤 8 轻轻折断光纤塑胶护套，注意弯曲角度不要太大，以免损伤光纤。

图 13-13 折断光纤塑胶护套

步骤 9　剥离折断后的光纤塑胶护套露出光纤。

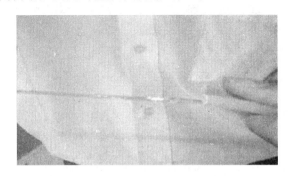

图 13-14　剥离折断的光纤塑胶护套

步骤 10　在光纤去皮工作中难免会弄脏纤芯，所以必须在光纤熔接之前对光纤线芯进行清洁，方法是用较好的脱脂棉蘸高纯度的酒精擦拭纤芯。

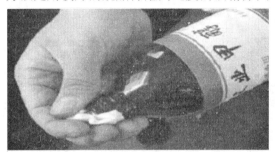

图 13-15　取脱脂棉蘸高纯度的酒精

步骤 11　清洁每一根光纤。

图 13-16　用蘸高纯度酒精的脱脂棉擦试光纤

步骤 12　清洁完毕后给需要熔接的每根光纤套上光纤热缩管，光纤热缩管内有钢丝，对熔接后的光纤起保护作用。

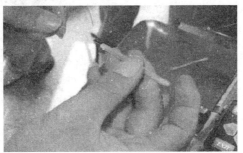

图 13-17　给熔接光纤套上光纤热缩管

图 13-18 是光纤热缩套管：

图 13-18　光纤热缩管

步骤 13　剥光纤绝缘层。

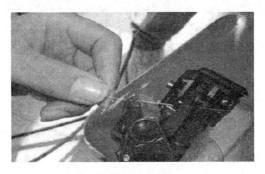

图 13-19　剥光纤绝缘层

步骤 14　用脱脂棉蘸酒精将光纤擦拭干净。

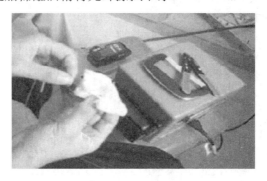

图 13-20　用脱脂棉蘸酒精擦试光纤

步骤 15　制备光纤端面。光纤端面制作的好坏将直接影响接续质量，所以在熔接前，必须首先做合格的端面。用专用的剥线工具剥去涂覆层，再用蘸有酒精的清洁麻布或棉花在裸纤上擦拭几次，使用精密光纤切割刀切割光纤，对 0.25 nm（外涂层）光纤，切割长度为 8～16 mm，对 0.9 mm（外涂层）光纤，切割长度只能是 16 mm。

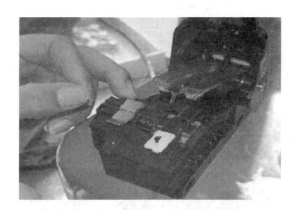

图 13-21　使用精密光纤切割刀切割光纤

步骤 16　将做好光纤断面的光纤放到光纤熔接机的一侧。

图 13-22　取切割好的光纤放入光纤熔接机的一侧

步骤 17　固定好光纤。

图 13-23　固定好放入的光纤

步骤 18　光纤跳线的加工。将光纤跳线从中央剪开。

图 13-24　将光纤跳线取出并从中央剪开

步骤 19 用石英剪刀剪断光纤跳线的石棉保护层。

图 13-25 用石英剪刀剪断光纤跳线的石棉保护层

步骤 20 剥好的光纤跳线内绝缘层与外保护层之间的长度至少要保留在 20 cm。

图 13-26 剥好的光纤跳线示意

步骤 21 用酒精将截好的光纤擦拭干净。

图 13-27 用脱脂棉蘸酒精擦试光纤

步骤 22 用专用的光纤切割刀制备光纤断面。

图 13-28 用精密光纤切割刀制备光纤断面

步骤 23 将制备好光纤断面的光纤跳线放到光纤熔接机的另一侧。

图 13-29 取制备好的光纤跳线放入光纤熔接机的另一侧

步骤 24 固定好光纤跳线。

图 13-30 固定光纤跳线

步骤 25 按 "SET" 键开始熔接光纤。

图 13-31 开始熔接光纤

步骤 26 在 X 轴、Y 轴两个方向上调节要熔接的两根光纤，使之对准。

图 13-32 调节要熔接的光纤

步骤 27 熔接结束，观察熔接的损耗值，看是否符合要求。不符合要求要断开重熔。

图 13-33 观察熔接的结果

步骤 28　将光纤热缩套管套住刚刚熔接好的光纤部分。

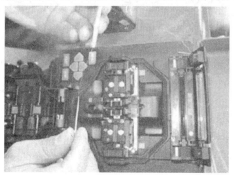

图 13-34　套光纤热缩套管

步骤 29　将套好热缩管的光纤放入光纤熔接机的加热器中。

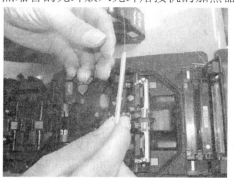

图 13-35　将套好热缩套的光纤放入加热器

步骤 30　按 HEAT 键加热。

图 13-36　对套好的光纤进行加热

步骤 31　取出已加热好的光纤。

图 13-37　取出加热好的光纤

重复上述步骤，将所有的光纤依次一一熔好。

步骤 32　将熔好的光纤放入光纤收容箱。

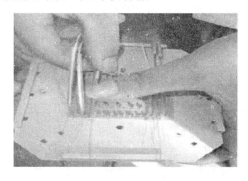

图 13-38　将光纤放入光纤收容箱

步骤 33　取出已加热的光纤，将光纤盘好并用胶纸固定，并将光纤接头接入光纤耦合器。

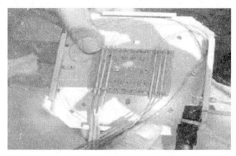

图 13-39　固定光纤，并将光纤接头接入光纤耦合器

步骤 34　取出已加热的光纤固定光纤收容箱。

图 13-40　取出已加热的光纤固定光纤收容箱

实训 14 光缆在光缆交接箱内的成端制作与安装

知识准备

随着国内光纤接入网建设的迅猛开展，在城市的光缆网络建设中，并不是每个地方都能提供合适的室内环境安装 ODF，所以使用户外光缆交接箱是必然的选择。如何选择性能好的光缆交接箱，关系到光缆网络建设运营成本和将来的发展。光缆交接箱作为室外光分支点采用的一种重要配线设备，得到了越来越多的应用。在此，我们从箱体性能、容量问题、进缆根数、光纤端接、密封方法、接地等几个方面探讨光缆交接箱在设计和使用中应注意的问题。

与市话电缆交接箱类似，光缆交接箱是一种为主干层光缆、配线层光缆提供光缆成端、跳接的交接设备。光缆引入光缆交接箱后，经固定、端接、配纤后，使用跳纤将主干层光缆和配线层光缆连通。

1. 光缆交接箱材质性能要求

光缆交接箱是安装在户外的连接设备，对它最根本的要求就是能够抵御剧变的气候和恶劣的工作环境。它要具有防水汽凝结、防水和防尘、防虫害和鼠害、抗冲击损坏能力强的特点。它必须能够抵御比较恶劣的外部环境。因此，箱体外侧对防水、防潮、防尘、防撞击损害、防虫害鼠害等方面的要求比较高；其内侧对温度、湿度的控制要求十分高。按国际标准，这些项目最高标准为 IP66。但能达到该标准的箱体外壳并不多。目前国内使用的光缆交接箱箱体主要有：原装德国 KRONE 箱体，箱体采用不饱和聚酯玻璃纤维增强材料（SMC），在防水、防潮、防撞击损害方面有较好的性能。国内参照 KRONE 箱体的仿制品是以铁质为主的金属箱体（一般达到 IP65 标准）。对于金属箱体，由于其在防水汽凝结方面的低劣性能，注定不会得到大量使用，并逐渐被淘汰。国内一些仿制品由于材料性能问题导致箱体在防水汽凝结和抗冲击两项性能上与从德国引进的 KRONE 有较大差异，另外，由于密封胶条抗老化性能较差，在防水、防尘两项性能上表现也一般。当然在光缆交接箱安装位置的外部环境比较好时，降低性能要求，减少投资也是可以接受的。

2．光缆交接箱的容量

光缆交接箱的容量是指光缆交接箱最大能容纳成端纤芯的数目。容量的大小与箱体的体积、整体造价、施工维护难度成正比，所以不宜过大。在实际设计和工程中，人们对光缆交接箱的容量问题似乎仅仅要求容量越大越好，但这样可能带来的后果是：箱体体积增大、设备价格增高。实际上，我们经常所说的交接箱的容量应该指的是它的配纤容量，即主干光线配纤容量与分支光线配纤容量之和。

光缆交接箱的容量实际上应包括主干光缆直通容量、主干光线配线容量和分支光缆配线容量三部分。

至于主干光缆的直通部分，实际工程中主要有两种做法：一种是剪断端接，另一种是不剪断（俗称掏接）。对于前一种情况，需要在光缆交接箱中安装专用的端接盘或端接模块/单元，对于后一种情况，可以通过专用的直通单元来容纳直通光缆。

以沿海较发达地区的城区为例，使用光缆到位的单位有各级国家机关、大中型企业、商业大厦、学校、各类研究机构、金融贸易机构以及电信运营商的各类用户模块站、移动基站等，结合城市规模、道路状况和通信管道的情况考虑，一般一个光缆交接箱管理接入点最大为 20 个左右，范围控制在约 0.3 km²。以平均一个接入点使用一条 8 芯光缆连接，配线层需终端纤芯 160，若主配比为 1∶2，则主干层需终端纤芯 80 芯，即光缆交接箱的容量在 240 芯左右。当然，在经济不发达地区，可能只需该容量的一半，约 140 芯即可。个别经济发达地区，数据业务需求旺盛，如商务区或科研区，则需求会在 300 多芯。考虑外壳使用德国科隆箱体和通信管道的情况，光缆交接箱的容量应在 200～400 芯。目前市场上光缆交接箱提供的容量有 96 芯、144 芯、216 芯、288 芯。

3．光缆引入数目

人们在实践中往往忽视光缆进缆数目这个问题，人们更关注交接箱的性能和容量。但是，由于光缆交接箱是长期使用的设备，随着信息网络运营的不断发展，线路的不断扩容，进箱的光缆应是逐年递增的。没有人希望看到这样的现象：光缆交接箱的容量还有富余，但却再也找不到进缆孔位和光缆固定位了。

以上述城区为标准，若使用环型结构，主干层引入光缆为 2 条。考虑日常维护、割接等要求，需有 2 条备用引入点，应能引入 4 条光缆。不过光缆交接箱的内净空容量是有限的，不可能引入太多光缆。基本解决方法有两个：一是在光缆网络规划时可以增加光缆交接箱数量解决光缆接入点密集问题；二是在引入光缆固定点用完前，布放一条大对数光缆用来割接几条小对数光缆，腾出引入固定点。

总之，一般光缆交接箱接入的光缆应有 16～20 条。当然如果分支光缆的芯数大一些，进缆根数相对会少一些。但从实践中看，光缆交接箱至少要保证 10 个以上的光缆进孔和光缆固定位。

4. 纤芯管理

光缆交接箱内的纤芯类型有 4 种：非本光缆交接箱使用的纤芯——直通光纤、光缆开剥点到端接盘的光缆纤芯——使用光纤、端接盘到适配器的尾纤和连接主干层光缆与配线层光缆的跳纤。如何合理安排这 4 类纤芯在光缆交接箱的走向、盘留、固定、保护，使施工、维护、更换等操作方便、合理，是判别光缆交接箱性能好坏的一个重要指标。如在使用光纤的管理方面，因主干层光缆多数使用带状光缆（含 4、8、12 纤芯带），而配线层多数使用层续式单纤光缆，光缆交接箱的纤芯端接、终端管理就要适应各类型纤芯的使用。又如在跳纤管理方面，假设在 288 芯光缆交接箱开通 70 个的系统后，箱内跳纤就 140 条，如何解决跳纤的相互缠绕、挤压、打结，是十分重要的问题。建议光缆交接箱使用单走纤方式，便可避免上述问题。

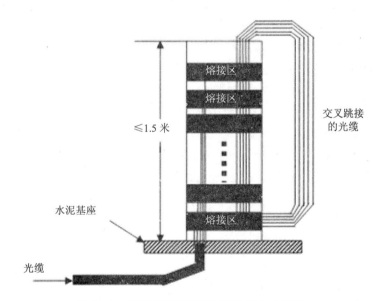

图 14-1　光缆交接箱光缆的下进缆方式示意

光缆交接箱的应用原理见下图:

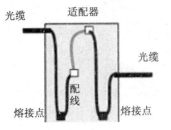

图 14-2 光缆与光设备交叉互连

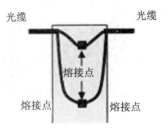

图 14-3 光缆与光缆互连

一、实训目的及要求

1. 掌握光缆交接箱在网络结构中的地位和作用。
2. 掌握光缆交接箱的成端制作和安装方法。

二、实训器材及工具

L 形螺杆、线扎、喉扣、冲击钻、重锤、裸纤开剥钳、外护套开剥钳、扳手、螺丝刀、光纤熔接机、光缆交接箱。

三、实训内容

1. 带状光缆的开剥及固定。将光缆从下方的光缆入孔引入箱体,在入口处用光缆固定套拧紧。

(1)清洁光缆;

(2)开剥光缆,长度约 2.1 m+光缆开剥处到距离最远的接续模块的距离 L(简写为:2.1 m+L)(仅供参考),铠甲层预留 40 mm,中心加强芯预留 150 mm,见图 14-4。

(3)将光缆加强芯卡入加强芯固定件中,拧紧螺钉,见图 14-5。

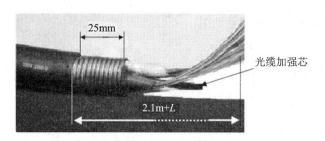

图 14-4　光缆开剥

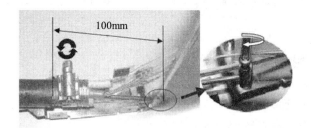

图 14-5　光缆固定

（4）清理裸纤并套上裸纤保护套管。将套有裸纤保护套管的裸纤按顺序轻轻卡入光缆开剥保护装置的光缆夹卡槽里，然后将光缆夹叠加安装好，见图 14-6。

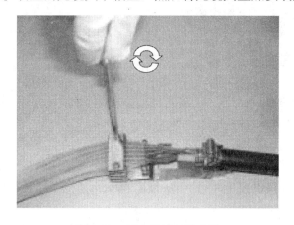

图 14-6　固定裸纤保护套管

（5）将光缆开剥保护装置盖板固定好；然后用喉扣固定在光缆固定板上，见图 14-7。

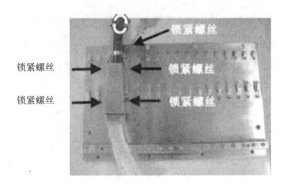

图 14-7　固定光缆开剥保护装置

2．非带状光缆开剥及固定

（1）清洁光缆；

（2）开剥光缆，长度约 L+2.1 m（仅供参考），铠甲层预留 25 mm，中心加强芯预留 100 mm，见图 14-8。

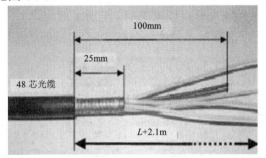

图 14-8　非带状光缆的开剥

（3）将裸纤清理干净，将螺丝拧紧，套上散纤保护套管，见图 14-9 和图 14-10。

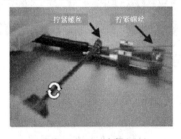

图 14-9　拧紧螺丝

图 14-10　套光纤保护套管

（4）将开剥后的光缆用喉扣固定在光缆固定板上，如图 14-11 所示。

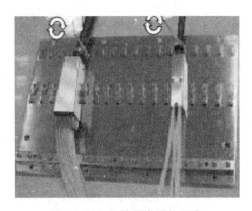

图 14-11　非带状光缆的固定

3．适配器及尾纤的安装

1）带状尾纤安装

（1）抽出一个光纤接续模块，放置于工作台上，取一条带适配器（FC、SC 或加法兰盘的 ST）的单头尾纤，按图 14-12 中所示的色谱顺序将其对准安装槽由上向下压入，注意适配器导向槽朝上，见图 14-12。

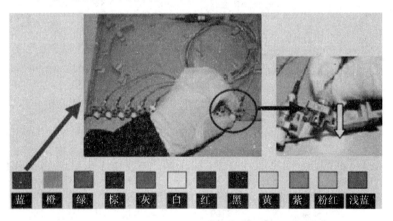

图 14-12　非带状光缆的固定

注意色谱从左到右依次为蓝、橙、绿、棕、灰、白、红、黑、黄、紫、粉红、浅蓝。

（2）将光分支器沿着两个圆柱压入，将冗余尾纤在模块背面尾纤盘绕区盘储，见图 14-13。

（3）将光分支器后面的裸带从接续模块中间长方孔穿至模块正面，见图 14-14。

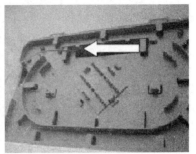

图 14-13 盘储纤芯　　　　　图 14-14 整理尾纤

（4）将剩余裸带盘储于模块正面熔接区内，盖好上盖板，见图 15。

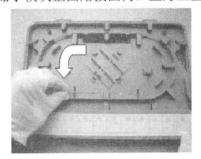

图 14-15 盘储尾纤

2）单芯尾纤安装

（1）从旋转插箱中抽出一个光纤接续模块，放置于工作台上，取下上下两面盖板，将 12 个适配器（FC、SC 或加法兰盘的 ST）装进 12 根单芯尾纤头，然后对准安装槽由上向下压入，见图 14-16。

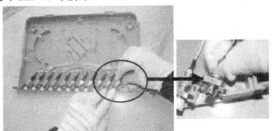

图 14-16 安放单头尾纤

其适配器有字的一面必须朝上，见图 14-16 的放大略图。

（2）将冗余尾纤在模块背面尾纤盘绕区盘绕 1～2 圈，用线扎将 12 根尾纤在

图 14-17 示位置扎固，然后将尾纤穿至正面，见图 14-17 和图 14-18。

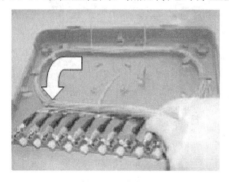

图 14-17　盘储尾纤

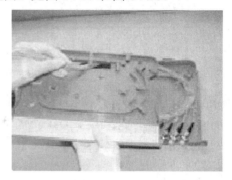

图 14-18　整理尾纤

（3）盖好熔接盖板，将剥除松套管的 12 根单芯尾纤盘储于模块正面熔接区内，盖好上盖板，见图 14-19 和图 14-20。

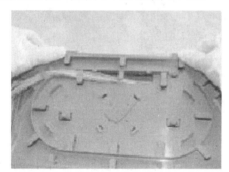

图 14-19　盖熔接盖板

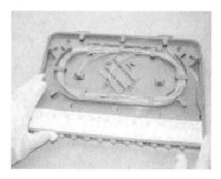

图 14-20　整理待熔接的尾纤

4．熔接模块的安装

（1）首先按图 14-21 中箭头的方向安装适配器尾纤，图 14-21 中给出了一组（12 芯）尾纤的安装路由，用户安装时，应是依次一层一层地向上安装，在此仅此演示一下安装路由。

（2）单芯尾纤和裸纤按箭头方向进行盘储，见图 14-22。

5．熔接操作

1）直熔

（1）直熔模块的进缆与盘储如图 14-23 所示；并做好熔接记录，见图 14-24。

图 14-21　尾纤和裸纤的路由

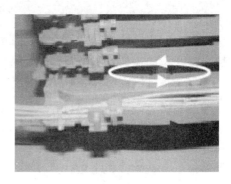

图 14-22　熔接模板内的盘储

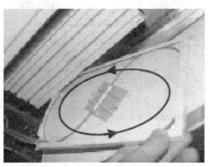

图 14-23　尾纤在直熔单元中盘储

图 14-24　熔接记录

（2）当直熔单元不够用时，用户可以使用部分接续模块来进行直熔操作，模块的配线盘和熔接盘均可用来作直熔用。见图 4-25 和图 4-26。

图 14-25　模块作双层直接熔接

图 14-26　裸纤保护套管的固定

2）带状尾纤的熔接

（1）取出接续模块放置于熔接工作台上，压下两个盖移固定扣，盖板弹离模块，揭开正面盖板，释放盘储于熔接区内的尾纤。

（2）将外线裸纤保护套管端部用线扎固定在图 14-27 所示位置，引出剩下的合适的长度进入熔接工作台。

（3）光缆纤芯其中之一套上熔接保护套管，然后将引进带状尾纤和开剥好的裸纤两头用专业剪刀剪齐，用熔接机进行熔接。检验合格后，将熔接保护套管移至熔接点，在熔接机上进行热收缩，见图 14-28。

图 14-27　裸纤保护套管的固定

图 14-28　热缩熔接保护套管

（4）将冗余的裸纤（尾纤和光缆纤芯）在熔接区盘储好（图 14-29），在位置 1 用线扎扎好；将裸纤保护套管在模块正面外圈盘好，在位置 2 用线扎固定好；最后盖上模块正面盖板。

（5）每芯光纤做好熔接标识记录，并将其插回到原来的位置，见图 14-30。

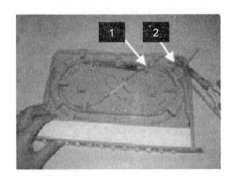

图 14-29　盘储裸纤

图 14-30　单芯标识

（6）全部熔接完之后在柜体的门上作全面的熔接标识。

3）非带状尾纤的熔接

（1）取出接续模块放置于熔接工作台上，压下两个盖板固定扣，盖板弹离模块，揭开正面盖板，释放盘储于熔接区内的尾纤。

（2）将外线裸纤保护套管端部用线扎固定在图示位置（图 14-31），引出剩下的合适的长度进入熔接工作台。

（3）如图 14-32 所示，用开剥剪开剥 12 根单芯光缆和非带状光缆。

 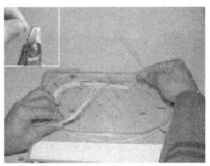

图 14-31　开剥单芯光缆　　　　图 14-32　开剥后分别露出纤芯

（4）用溶剂清洁纤芯，再切割纤芯，见图 14-33，最后熔接（图 14-34）。

图 14-33　剪齐纤芯　　　　　图 14-34　熔接纤芯

（5）推熔接保护套管，使熔接点位于其中央，再放入（图 14-35）进行热缩。

（6）将熔接后的纤芯整齐放入熔接区（图 14-36）。

（7）以后的步骤与前述部分中"带状光缆熔接"部分的第（4）步、第（5）步、第（6）步相同。

图 14-35　熔化熔接保护套管　　　图 14-36　整理熔接后的纤芯

6．直通操作

（1）安装直通单元，开剥的长度参考图 14-37，即最长开剥 6.6 m，最短 5.4 m；

图 14-37　直通单元内光缆的开剥　图 14-38　直通单元的盘储方式

（2）剥去外皮以后，对直通光缆进行盘储（图 14-38），其余部分进入保护套管，以后进入接续模块内进行直熔或熔接操作。

（3）开剥处必须对铠甲层和加强芯接地，见图 14-38 的左半部分。其铠甲层和加强芯的截取长度请参考图 14-4 或者图 14-9。

7．系统接地

（1）光缆交接箱箱体的高压防护系统由光缆固定板、光缆开剥保护装置、喉扣、接地线、接地铜排、光缆的加强芯和铠甲层组成。光缆的加强芯与铠甲层用喉扣和光缆开剥保护装置固定在光缆固定板上，然后用接地线把光缆固定板串联，最后使用接地线，并通过进缆孔引出。其中，接地线的截面积大于 6 mm^2（图 14-39）。

图 14-39　机柜的高压防护接地　　图 14-40　机柜的高压防护接地

（2）内附件防护接地由底框或顶框上的接地螺母通过进缆孔引至大地，其中引出接地线的截面积不小于 35 mm²。如图 14-40 所示，光缆开剥处一定要接地，带状光缆接地见图 14-41，非带状光缆接地见图 14-42。

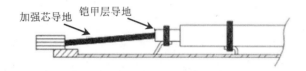

图 14-41　带状光缆接地

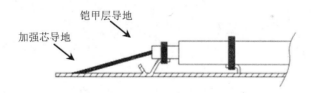

图 14-42　非带状光缆接地

8．跳纤操作
（1）选取直径 $\phi 2$ 的跳线（易于管理，占空间小），见图 14-43。

图 14-43　双头尾纤

（2）将跳纤一端插入适配器，另一端在挂纤环上盘储后，与相应的适配器连接（图14-44）。

图 14-44　安装跳纤

图 14-45　采用交叉跳纤方式

（3）采用交叉连接（图14-45）方式跳纤，保证尾纤自由弯曲半径大于 40 mm。

（4）重复第（2）、（3）步，完成整个跳纤操作，最后做完跳纤标识记录。

四、实训小结

1．怎样计算光缆开剥长度？

参考公式为：Length= L + 2.1 m，其中：L 为光缆开剥固定处到（距离最远的）接续模块的距离。

2．1 m 是指带保护导管的裸纤从 1 处开始进行盘储，在 2 处裸纤进入内环盘储直到熔接区，在整个内环和外环的盘储长度（图14-46）。

3．为什么开剥后的光纤必须进行清洁？

开剥后的裸纤必须保持清洁，粘上灰尘、杂物后要进行擦拭。环境较差的施工地点，可将光纤涂上油脂进行擦拭，在穿入保护套管时有一定润滑作用，穿入保护套管后，进行熔接时则需用专用清洁剂进行清洁，因为杂物将会极大地影响光传输，产生很大损耗。

4．裸纤很难穿入裸纤保护套管时怎么办？

（1）尽可能将裸纤保护套管拉直，减小套管对裸纤阻力。

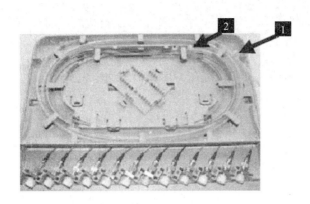

图 14-46　接续模块内裸纤长度的计算

（2）可将裸纤用黏性较好的胶带粘于小钢丝上，借小钢丝的拉力将裸纤穿入套管。

5．熔接盘内裸纤长短不一怎么办？

（1）熔接剥尽可能将裸纤与尾纤在熔接盘内剪齐。

（2）熔接前将裸纤与尾纤在熔接盘内盘好，剪掉多余裸纤及尾纤。

6．熔接结束后，熔接点插入损耗高怎么办？

（1）清洁尾纤头（用专用清洁剂进行擦拭）。

（2）检查适配器（适配器内陶瓷有无破损）。

（3）拧紧适配器接头。

（4）检查熔接盘内光纤曲率半径。

（5）检查裸纤保护套管内裸纤有无严重扭曲。

（6）检查光缆开剥保护处。

（7）检查裸纤保护套管进入接续模块方向是否正确，并检查进入模块卡接点有无挤压现象。

7．如何确保室外光缆交接箱的密封性？

（1）使用性能良好的箱体。

（2）门的四周封闭良好。

（3）光缆的进缆口使用密封胶。

实训 15 光时域反射计的使用

认证光时域反射计（以下称"测试仪"）是一种手持式光时域反射计（OTDR），可用于找出多模及单模光纤中的反射及损耗事件并描述事件特征。测试仪经过最优化，适用于通常安装于建筑（楼群及园区网）网络的较短光纤。典型的测试量程：在 1 300 nm 波长时，多模光缆最大为 7 km；单模光缆最大为 60 km。

一、实训目的及要求

1．了解光时域反射计的特征及测试方法。
2．掌握光纤链路上的事件位置，链路的结束或断裂处位置的测量。
3．掌握单个事件的损耗，如一个接头的损耗，或链路上端到端损耗的总和。
4．掌握链路上光纤衰减系数的测量。
5．光纤链路长度的测量。

二、实训器材

Fluke Networks OF-500 Opterfiber Centifying OTDR 光时域反射计、多模光缆、单模光缆、光纤活动连接器。

三、实训内容

（一）了解 Fluke Networks OF-500 Opterfiber Centifying OTDR 的基本特性
1．下面说明测试仪的基本特性并介绍测试仪的菜单系统。
（1）前面板特性
图 15-1 说明测试仪的前面板特性。

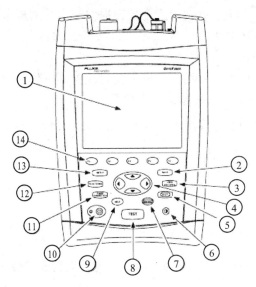

图 15-1 前面板特性

① 带有背照灯及可调整亮度的 LCD 显示屏幕。

② (SAVE)：在可拆卸内存卡或内部存储器中保存测试结果。

③ (VIEW RECORDS)：显示保存在内存卡或内部存储器上的测试记录。

④ ◁ ▷ ▽ △：浏览键可用于在屏幕上移动光标或加亮标明的区域并递增或递减字母数字值。

⑤ (EXIT)：退出当前的屏幕。

⑥ ◐：调整显示亮度。

⑦ (ENTER)：选择屏幕上加亮标明的项目。

⑧ (TEST)：开始目前选定的光纤测试。将要运行的测试显示于屏幕的左上角。要更改测试，从主页（HOME）屏幕中按 (F1) 键更改测试或从功能（FUNCTIONS）菜单选择一个测试。

⑨ (HELP)：显示与当前屏幕有关的帮助主题。要查看帮助索引，请再按 (HELP) 键一次。

⑩ (ⓞ)：开/关键。

⑪ (FIBER INSPECTOR)：启动附加的 FiberInspector 视频探头，可用于检视光纤端面并将图像与测试结果一起保存。

⑫ (FUNCTIONS)：显示其他的测试、配置及状态功能列表。

⑬ (SETUP)：显示用于配置测试仪的菜单。

⑭ ⒡ ⒡ ⒡ ⒡ ⒡：五个软键提供与当前的屏幕有关的功能。当前的功能显示于屏幕软键之上。

（2）主页（HOME）屏幕

主页（HOME）屏幕显示用户根据需要来配置测试仪时所需更改的重要测试及任务设置值。图 15-2 显示典型的主页屏幕。

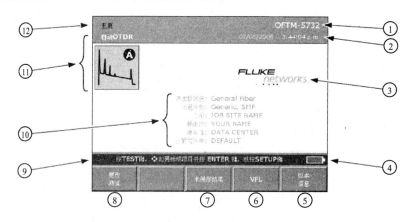

图 15-2　带损耗/长度选项的光时域反射计（OTDR）主页屏幕

① 所安装模块的型号。

② 当前日期及时间。

③ 物主徽标。

④ 电池状态图标。有关电池状态的更多信息，请按 ⒡ 键，然后选择电池状态。

⑤ 按 ⒡ 键以查看硬件及硬件版本以及测试仪和所安装模块的校准日期。

⑥ 按 ⒡ VFL 键激活可视故障定位仪。

⑦ 如果未保存最后运行的测试，可按 ⒡ 未保存结果（Unsaved Result）来查看测试结果。

⑧ 按 ⒡ 键可切换测试模式。请查阅⑪。

⑨ 操作提示。对于大多数的屏幕，此区域将会提示用户要按哪一个键。

⑩ 重要测试和任务设置值。要更改这些设置值，用 ⒡ 键加亮标明某个设置值；然后按 ⒡ 键。选择测试极限值（TEST LIMIT）或光纤类型（FIBER TYPE）可更改选择项目。选择极限值或类型的名称，可查看该项目的设置值。还可按 ⒡ 键，访问测试仪的设置值。

⑪ 测试模式决定在按下 [TEST] 键时将会运行哪一种测试。可用模式取决于所安装的模块。要更改测试模式，按 [F1] 键更改测试。

⑫ 当前的屏幕名称。

（3）使用设置菜单

要访问测试仪设置值，请按 SETUP 键。图 15-3 说明设置（SETUP）菜单。

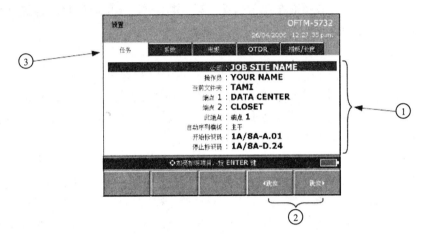

图 15-3   "设置"（SETUP）屏幕

① 当前选项卡上的有效设置值。

说明：要查看有关某个设置值的细节，加亮标明该设置值；然后按 [HELP] 键。

② 用 [F4] 选项卡及 [F5] 选项卡在设置（SETUP）屏幕上的选项卡间移动。

③ 设置菜单的选项卡如下：

任务设置值适用于被测的光纤安装，并与已保存的测试结果一起保存。用这些设置值来找出工作地点，设置光缆标识码列表，并识别被测的布线端点。

系统设置值可用于定位测试仪并设置其他用户首选项，如电源关闭超时及摄像机类型等。

光缆选项卡可用于选择待测的光缆类型并定义用于损耗/长度测试的有些光缆特征。如果不想使用默认值，还可更改折射率。

说明：请在选择测试极限值前先选择光纤类型。所选的光纤类型决定了哪些测试极限值有效。

光时域反射计（OTDR）选项卡可用于选择用于光时域反射计（OTDR）测试的测试极限值和波长，并可启用发射光纤补偿功能。还可更改"手动光时域反射计"（OTDR）模式的设置值。

如果所安装模块包含损耗/长度选项或功率计选项（以"远端信号源"模式及功率计选项运行损耗测试），则会显示损耗/长度选项卡。用此选项卡来设置损耗/长度测试。

2．使用光时域反射计（OTDR）

光时域反射计（OTDR）可帮助用户确立并找出光纤布线上的故障。光时域反射计还可测量长度、事件损耗及布线总损耗，并根据选定的测试极限值提供"通过/失败"（PASS/FAIL）测试结果。

（二）关于发射及接收光纤

发射和接收光缆使测试仪能够测量布线中第一个和最后一个连接器的损耗及反射，并将这些连接器包含在 ORL（光学回波耗损）测量内。如果没有发射和接收光缆，在第一个连接器之前以及最后一个连接器之后就没有逆向散射，因此测试仪无法测量连接器的特征。

若布线的第一个或最后一个连接不良，且没有使用发射及接收光缆，则光时域反射计（OTDR）测试可能会通过，因为它将连接不佳的测量值也包含在内。

（1）选择自动或手动光时域反射计（OTDR）模式

说明：用光时域反射计（OTDR）认证布线时，应使用"自动光时域反射计"（OTDR）模式。

从主页（HOME）屏幕中，按 F1 键更改测试。从跳现式菜单中选择"自动光时域反射计"（Auto OTDR）或"手动光时域反射计"（Manual OTDR）。在自动光时域反射计（Auto OTDR）模式中，测试仪会根据布线系统的长度及总损耗，自动选择设置值。该模式最容易使用，并提供最完整的光缆事件视图，且为大多数应用的最佳选择。手动光时域反射计（Manual OTDR）模式可用于更改设置。

（2）光时域反射计（OTDR）连接情况

当运行光时域反射计（OTDR）测试时，测试仪会判断光时域反射计（OTDR）端口连接的情况（见图 15-4）。

如果仪表位于差（Poor）量程挡，表示用户应清洁光时域反射计（OTDR）端口及光缆连接器。使用视频显微镜，如 Fiber Inspector（洁净度检测器）视频探头来检视端口和光缆连接器是否有刮痕及其他损伤。如果测试仪上有损坏的连接器，请与 Fluke Networks 公司联系以取得维修信息。

光时域反射计（OTDR）连接不良，会增加连接器的死区，死区能使光时域反射计（OTDR）连接器附近的故障不易察觉。连接不良还会减弱可用于测试光缆的光的强度。微弱的测试信号可能导致曲线杂乱、事件检测效果较差及动态量程缩小。

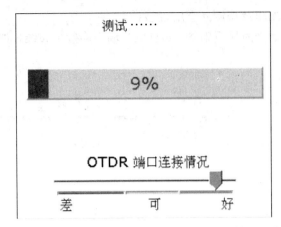

图 15-4 光时域反射计（OTDR）端口连接情况评估

端口连接情况等级可与光时域反射计（OTDR）测量结果详细信息一同保存。

（3）使用光时域反射计（OTDR）

① 选择"自动光时域反射计"（OTDR）模式：从主页（HOME）屏幕中按 F1 键更改测试；然后选择自动光时域反射计（OTDR）。

② 如果需要，补偿所用的发射/接收光纤：按 FUNCTION 键，然后选择设置发射光纤补偿。按 HELP 键以查阅有关补偿屏幕的细节。

③ 选择待测光纤的设置值。在光缆选项卡中设置下列设置值：

● 光纤类型：选择待测的光纤类型。

● 手动光缆设置（MANUAL CABLE SETTINGS）（折射率和逆向散射系数）：当禁用时，测试仪会使用所选光纤类型中定义的值。此值适用于大多数应用。

④ 配置光时域反射计（OTDR）测试。按 SETUP 键；然后从光时域反射计（OTDR）选项卡上选择下列设置值：

● 测试极限值（TEST LIMIT）：选择适当的极限值。

● 波长（WAVE LENGTH）：选择一个或两个波长。

● 发射补偿（LAUNCH COMPENSATION）：在使用发射光纤补偿设置值时启用。

● 光时域反射计（OTDR）绘图栅格：启用时可在 OTDR 绘图上看到测量栅格。

⑤ 清洁发射光缆及待测光缆的连接器。

⑥ 将测试仪的光时域反射计（OTDR）端口连接至布线，如图 15-5、图 15-6 和图 15-7 所示。

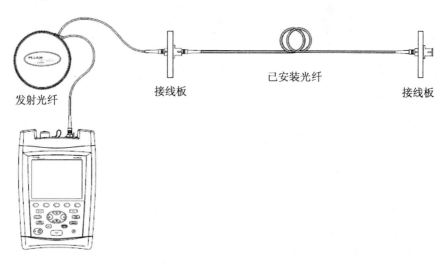

图 15-5　将光时域反射计（OTDR）连接至所安装光纤（没有接收光纤）

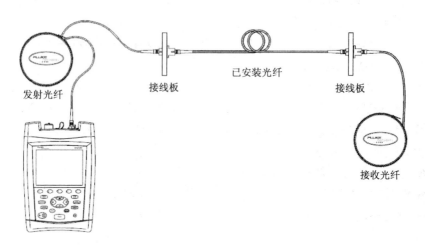

图 15-6　将光时域反射计（OTDR）连接至所安装光纤（有接收光纤）

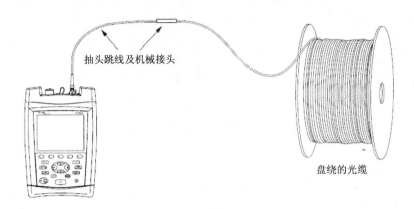

图 15-7 将光时域反射计（OTDR）连接至绕线管光缆

⑦ 按 TEST 键开始光时域反射计（OTDR）测试。图 15-8 显示光时域反射计（OTDR）曲线屏幕。

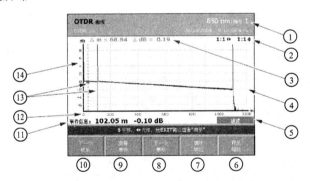

图 15-8 光时域反射计（OTDR）曲线屏幕

注：① 曲线波长及"设置"（SETUP）中工作（Job）选项卡上的端点（End）设置。如果以两个波长运行测试，按 F1 键来切换波长。可从"设置"中的光时域反射计（OTDR）选项卡设置波长。② 曲线放大倍率。详细情况请参考"缩放"在线帮助。③ 光标及测量标记⑬间的距离（m）和功率损耗（dB）。④ 光时域反射计（OTDR）绘图栅格。用户可从"设置"（SETUP）中的光时域反射计（OTDR）选项卡中启用或禁用栅格。⑤ 如果光标定位在某个事件上，会显示通过/失败（PASS/FAIL）状态信息。此测试结果可能是指事件或事件前的光纤线段损耗。如果事件看起来正常，请按事件表（EVENT TABLE）屏幕中的 F3 键查看细节或概要（SUMMARY）屏幕以查看线段的测试结果。⑥ 按 F5 将箭头键的功能从移动光标更改为缩放和移动曲线如果曲线重叠被激活，软件标签上方的导航提示说明箭头键当前功能。⑦ 设置和清除测量光标的键。⑧ 把光标移到曲线上下一个事件。如果用⊙

移动光标，F3 会变成上一个事件（Previous Event）并将光标移到上一个事件。⑨ 显示事件表。⑩ 对于双重波长测试，请按 F1 键以切换波长。⑪ 当光标位于某个事件之上时，会显示"事件信息"。否则，会显示到光标的距离。⑫ 待测布线的距离标尺。诀窍：距离标尺代表光纤长度的距离，可能与光缆插座的长度距离不同。要调整长度测量以显示光缆插座长度，请更改折射率直到测得的长度与插座长度匹配为止。⑬ 测量标记及光标。⑭ 光时域反射计（OTDR）反向散射的分贝标尺。

⑧ 要保存测试结果，按 SAVE 键，选择或建立光纤标识码；然后再按一下 SAVE 键。

（4）对于双向测试，请执行下列步骤：

① 从"设置"中的任务选项卡将此端点（THIS END）设置为端点 1（END 1）。

② 从端点 1（END 1）测试所有布线。

③ 将此端点（THIS END）改为端点 2（END 2）；然后从另一端测试所有布线。用与第一次测试方向的测试结果相同的光纤标识码保存测试结果。标识码将在当前文件夹标识码（IDSIN CURRENT FOLDER）列表中显示。

（5）以智能远端模式测试

用"智能远端"模式来测试与认证双重光纤布线。在此模式中，测试仪以单向或双向测量两根光纤上两个波长的损耗、长度及传播延迟。

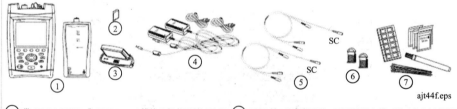

① 带 OFTM-5612B 或 OFTM-5732 模块及智能远端（显示为 DTX 远端）的测试仪。根据链路中所用连接器匹配连接适配器
② 内存卡（可选）
③ 备用电池组（可选）
④ 两个带电源线的交流适配器（可选）
⑤ 两根双工基准测试线。匹配待测光缆。测试仪和远端测试仪输出端的连接器必须为 SC。至于其他连接器，要与链路中所用的连接器匹配
⑥ 两个心轴。建议在测试多模光缆时使用
⑦ 光缆清洁用品

图 15-9　以"智能远端"模式进行损耗/长度测试装置

① 开启所有测试装置并且预热 5 分钟。

② 在主测试仪上，在主页（HOME）屏幕上，按 F1 键更改测试；然后选择损耗/长度。

③ 在主测试仪上，按 SETUP 键；然后在光缆选项卡上设置下列设置值：

● 光纤类型：选择待测的光纤类型。

● 手动光缆设置（MANUAL CABLE SETTINGS）（折射率和逆向散射系数）：当禁用时，测试仪会使用所选光纤类型中定义的值。此值适用于大多数应用。

④ 在主测试仪上，从"设置"中的损耗/长度选项卡中，设置下列的设置值：

● 测试极限值：选择适当的极限值。

● 远端设置：设置为智能远端。

● 此设备：设置为主装置。

● 双向：如果想要保存双向测试结果，请启用此设置值。

● 测试方法：是指包含在损耗测试结果中的适配器数目。如果使用本手册所示的基准及测试连接，请选择"方法 B"（多模）或"方法 A.1"（单模）。

● 连接器类型：选择用于待测布线的连接器类型。若未列出实际的连接器类型，请选择常规（General）。

● 适配器数目及接点数：输入将在设置基准后添加至光缆路径各个方向的适配器及接点的数量。

⑤ 对于 OptiFiber 智能远端：从"设置"中的损耗/长度选项卡中设置下列值：

● 远端设置：设置为智能远端。

● 此设备：设置为远端装置。

⑥ 清洁测试仪和光源的输出（OUT PUT）连接器以及基准测试线的连接器。

⑦ 在主测试仪上：按 FUNCTION 键，然后选择设置损耗/长度基准。

⑧ 如屏幕上及图 15-10 中所示连接基准测试线，然后按 ENTER 键。

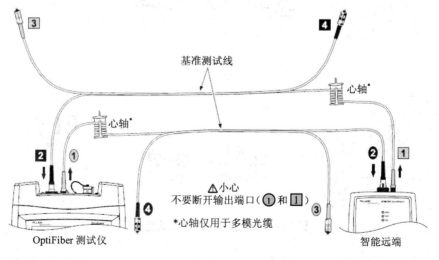

图 15-10 智能远端模式基准连接

⑨ 可选的：从"测试设置"（TEST SETUP）屏幕，用户可输入基准测试线长度来满足 TSB-140 的报告要求。

用 选中一个基准测试线编号，按 键，然后输入一个长度值。完成后按 键。

⑩ 按 键确定（OK），然后离开"测试设置"（TEST SETUP）屏幕。

⑪ 清洁待测布线系统中的连接器，然后如图 15-11 所示将基准测试线和短基准测试线与布线系统相连。

⑫ 按 TEST 键开始损耗/长度测试。

如果状态显示为开路或未知，请尝试下列步骤：

● 确认所有连接是否良好。

● 对于 OptiFiber 智能远端，确认远端测试仪"设置"中的损耗/长度（Loss/Length）选项卡是否已经被设置为远端（Remote）。

● 确认远端测试仪是否仍处于活动状态。对于 OptiFiber 智能远端，可能需要按远端测试仪上的 F1"开始"（Start）键来重启测试仪。

● 尝试使用不同的方法连接至布线，直到测试继续进行为止。

● 用可见光源来核实光纤的连通性。

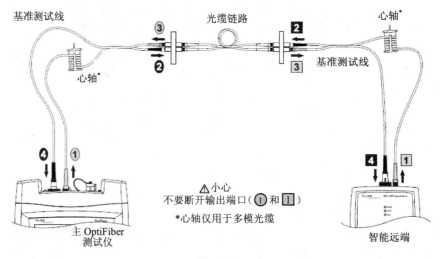

图 15-11　智能远端模式测试连接

⑬ 要保存测试结果，按 SAVE 键。为"输入"（INPUT）光缆选择或创建光缆标识码，然后按 SAVE 键。

为"输出"（OUTPUT）光缆选择或创建光缆标识码，然后按 SAVE 键。

（6）以环回模式进行测试

用"环回"（Loopback）模式来测试光缆卷轴、未安装光缆的线段及跳线（见图 15-12）。在此模式中，测试仪以单向或双向测量两个波长的损耗、长度及传播延迟。

ajt45f.eps

① 带 OFTM-5612B 或 OFTM-5732 模块的测试仪。根据链路中所用连接器匹配连接适配器
② 内存卡（可选）
③ 备用电池组（可选）
④ 带电源线的交流适配器（可选）

⑤ 两根双工基准测试线。匹配待测光缆。测试仪输出端的连接器必须为 SC。至于其他连接器，要与链路中所用的连接器匹配
⑥ 两个适当类型的适配器
⑦ 心轴。建议在测试多模光缆时使用
⑧ 光缆清洁用品

图 15-12　以"环回"模式进行损耗/长度测试装置

① 开启测试仪并且预热 5 分钟。

② 在主页（HOME）屏幕上，按 F1 键更改测试；然后选择损耗/长度。

③ 选择待测光纤的设置值。按 SETUP 键，然后在测试仪的光缆选项卡上设置下列设置值：

● 光纤类型：选择待测的光纤类型。

● 手动光缆设置（MANUAL CABLE SETTINGS）（折射率和逆向散射系数）：当禁用时，测试仪会使用所选光缆类型中定义的值。此值适用于大多数应用。

④ 从"设置"中的损耗/长度选项卡中，设置下列设置值：

● 测试极限值：选择适当的极限值。

● 远端设置：设置为环回模式。

● 此设备：设置为主装置。

● 双向：如果想要保存双向测试结果，请启用此设置值。

● 测试方法：是指包含在损耗测试结果中的适配器数目。如果使用基准及测试连接，请选择"方法 B"（多模）或"方法 A.1"（单模）。

● 连接器类型：选择用于待测布线的连接器类型。若未列出实际的连接器类型，请选择常规（General）。

● 适配器数目及接点数：输入将在设置基准后添加至光缆路径中的适配器及接点的数量。

⑤ 清洁测试仪的"输出"（OUT PUT）连接器及基准测试线连接器。

⑥ 按 FUNCTION 键，然后选择"设置损耗/长度基准"（Set Loss/Length Reference）。如图 15-13 所示连接基准测试线。

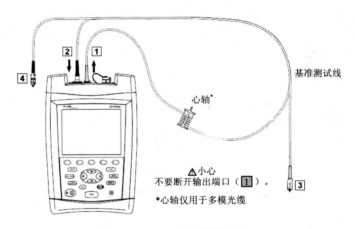

心轴*

基准测试线

⚠小心
不要断开输出端口（1）。

*心轴仅用于多模光缆

图 15-13 环回模式基准连接

⑦ 可选的：从"测试设置"（TEST SETUP）屏幕，用户可输入基准测试线长度来满足 TSB-140 的报告要求：

用 ⬇ 选中一个基准测试线编号，按 ENTER 键，然后输入一个长度值。完成后按 SAVE 键。

⑧ 按 F3 键确定（OK）然后离开"测试设置"（TEST SETUP）屏幕。

⑨ 清洁待测布线系统中的连接器，然后如图 15-14 所示将基准测试线和短基准测试线与布线系统相连。

⑩ 按 TEST 键开始损耗/长度测试。

⑪ 要保存测试结果，按 SAVE 键。选择或建立一个光纤的标识码，然后按 SAVE 键。

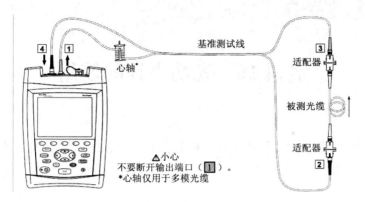

图 15-14　环回模式测试连接

实训 16　光功率计的使用

武汉奥林特光电设备有限公司的 PM 系列台式光功率计是采用微处理器控制的智能型光功率计，测量范围宽、分辨率高，主要用于光功率、光损耗的测量。

一、实训目的及要求

了解光功率计的使用方法。

二、实训器材

PMX-B 型光功率计，光纤连接器，光缆。

三、实训内容

1. 仪表外观示意图

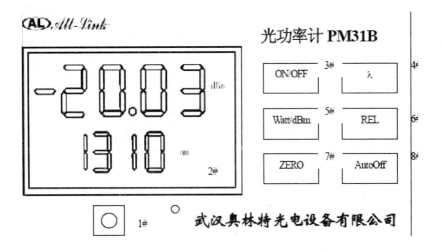

图 16-1　前面板示意

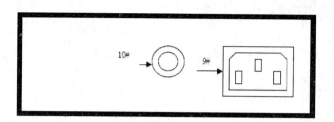

图 16-2　后面板示意

2．仪表面板各部分的功能

表 16-1　仪表各部分功能表

序号	名　称	功　能
1#	法兰盘	光输入口
2#	液晶显示屏	显示测量结果，测量状态
3#	ON/OFF	电源开关键，按此键可接通或断开仪表电源
4#	λ	测量波长选择键
5#	WATT/dBm	WATT 和 dBm 切换键
6#	REL	相对测量键，第二次按此键，则退出相对测量状态
7#	ZERO	自动清零键，在清零过程中，应盖好探测器盖，防止光信号输入
8#	AutoOff	自动关机键
9#	电源插座	220V 50Hz 交流供电
10#	保险丝	额定电流 0.5A

3．液晶屏显示

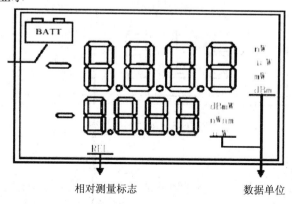

相对测量标志　　　　　　　　　数据单位

图 16-3　液晶屏显示

4．按键操作及液晶显示

（1）λ键

改变测量波长，可选择六种波长：850 nm、980 nm、1 310 nm、1 480 nm、1550nm、1 625 nm。

（2）WATT 和 dBm 切换键

初始功率单位为 dBm，按奇数次 WATT/dBm 键，则功率单位为 W，按偶数次 WATT/dBm 键，则功率单位为 dBm。

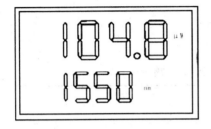

图 16-4 功率单位为 W

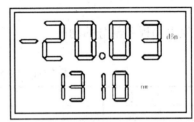

图 16-5 功率单位为 dBm

（3）REL 键

按奇数次 REL 键使仪表进入相对测量状态，显示屏显示"REL"字样，按偶数次 REL 键使仪表退出相对测量状态，显示屏不显示"REL"字样，相应液晶显示为：

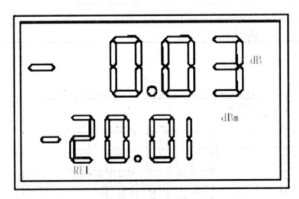

图 16-6 相对测量状态

（4）ZERO 键

低功率测量，应先清零，否则测量结果不准确。方法是先把金属遮尘帽盖住探头，避免光进入，然后按 ZERO 键。在清零过程中，液晶显示屏显示数字"0"

从左到右移动。

（5）AutoOff 键

AutoOff 是自动关机键，用来开启和关闭光功率计的自动关机功能。按奇数次 AutoOff 键，则开启光功率计的自动关机功能，液晶显示屏底部不显示"HOLD"。按偶数次 AutoOff 键，则关闭光功率计的自动关机功能，液晶显示屏底部显示"HOLD"。开机后，光功率计的自动关机功能是关闭的，液晶显示屏底部显示有"HOLD"。

5. 操作说明

（1）参照仪表外观示意图将电源线插到设备背面的电源插座中，接上外部供电，打开设备前面板的电源开关，液晶显示屏有显示，表示供电正常。

（2）旋开设备前面板的法兰盘适配器的金属帽，用 FC/PC 光纤跳线连接到光功率计，检查光功率在正常范围，则可投入使用。

实训 17　网络设备接地系统的设计与安装实训

一、实训目的及要求

1．了解等电位接地带的基本常识

接地系统包括综合接地和计算机专用接地两类。综合接地（包括交流工作接地、安全保护接地、直流工作接地、防雷接地等）宜共用一组接地装置，其接地电阻≤4Ω；计算机系统对接地有特殊要求，需单独设置专用接地装置，其接地电阻值≤1Ω、零地电位小于 1 V 且与综合接地的接地体之间的距离大于 25 m。

等电位联结技术是现代防雷技术的核心内容。现行国标及 IEC（国际电工委员会）标准都是围绕此项内容展开的，通常所说的 SPD（Surge Protection Device，电涌保护器，俗称避雷器）也只是作为一种等电位联结器件。雷击发生时，由于所有的设备和人员都处于同一电位，此电位即使高达几十万、上百万伏也不会造成任何损失。采用等电位联结，一方面可以使各设备工作地线最短，消除高频干扰，满足设备正常工作的需求；另一方面又不会出现低频（工频）杂散电流的干扰，尤其是在雷击情况下能使各设备处在真正的等电位状态，避免损坏设备。

2．了解常见的几种等电位连接体的设计

利用钢筋混凝土地面内焊接钢筋网做高频功能性等电位连接基准网，如图 17-1 所示。

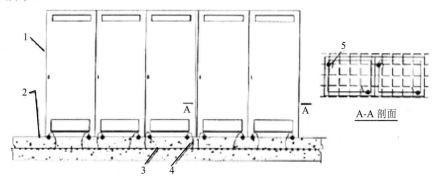

图 17-1　利用地面钢筋网做等电位连接基准网

注：1—装有电子负荷设备的金属外壳。2—混凝土地面上部。3—地面焊接钢筋网，利用其作为高频功能性等电位连接基准网。除固有的绑扎点外，宜在500～600网格交叉点上加以焊接。地面钢筋网应与周边的柱、墙、圈梁内钢筋连通，即该基准网是本建筑物共用接地系统的一部分。4—高频等电位跨接线（施工地面时预埋好），其长度应不大于0.5 m。由于高频集肤效应，应采用薄而宽的金属带，铜或钢材都可以，但与其他钢质物连接时采用钢带的优点是不会产生直流电池的腐蚀效应。两端的连接应有良好的电气接触，最好是焊接。5—每台外壳应有两根不同长度（相差20%）的等电位跨接线，如一根0.5 m，另一为0.4 m，并设于外壳的对角处，利用设备底座做高频功能性等电位连接基准网，如图17-2所示。

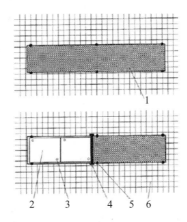

图 17-2 利用设备底座做等电位连接基准网

注：1—装有电子负荷设备的金属底座；2—上述设备的金属外壳；3—将外壳固定到底座上的螺栓，螺栓与底座、外壳焊接；4—底座之间的焊接；5—直径≥10 mm 的圆钢，一端与地面内钢筋焊接，另一端与底座焊接；6—地面内钢筋网，应与周边的柱、墙、圈梁内钢筋连通，即该钢筋网是本建筑物共用接地系统的一部分。

3. 活动地板下专设高频功能性等电位连接基准网，如图17-3所示。

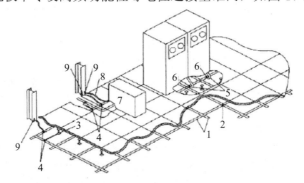

图 17-3 活动地板下专设等电位连接体

注：1—薄铜带，可用 0.3 mm×100 mm；2—薄铜带与薄铜带之间的焊接连接；3—薄铜带与立柱之间的焊接连接；4—薄铜带与等电位连接带之间的焊接连接；5—设备的低阻抗等电位连接带；6—薄铜带与设备等电位连接带之间的焊接连接，每台设备应设两根不同长度的等电位连接带，如图中标注 8 所示；7—电源配电中心；8—电源配电中心的接地等电位连接线；9—专设基准网与周围建筑物钢柱（或钢筋混凝土柱上的预埋件）的焊接连接，即与共用接地系统的连接。

　　供电给图 17-1、图 17-2、图 17-3 中用电设备的配电线路应从配电箱或配电中心起穿钢管，并利用钢管作 PE 线。图 17-1、图 17-2 中的地面钢筋网还要与配电箱的 PE 线做等电位连接。

　　4．对六面全封闭屏蔽的敏感电子设备房间推荐的做法，其推荐的做法如图 17-4 所示。

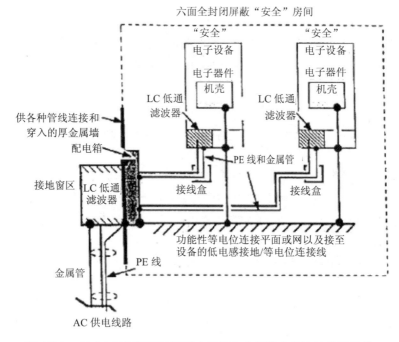

图 17-4　六面全封闭屏蔽的敏感电子设备房间等电位连接体的做法

注：①六面全封闭屏蔽房间的屏蔽体，当其体积较小时除接地窗区处外还可以与周围的共用接地系统绝缘。此时，所有进入屏蔽房间的管道必须从接地窗区的厚金属墙穿入，管壁应与金属墙焊接，不能留有空隙。②当屏蔽体较大，难以做到与共用接地系统绝缘时，进入屏蔽房间的管道可以就近从数处引入。③PE 线应与配电线路穿同一根钢管引至配电箱或用电设备，不应在房间内单独敷设一 PE 线连接网。IEC 标准和美国 NEC 均允许用穿线钢管作 PE 线用。

二、实训器材

50 mm×50 mm×5 mm 镀锌角钢、40 mm×40 mm 镀锌扁钢、电焊机、35 mm^2 铜线、地阻仪。

三、实训步骤

1．对教学楼机房接地网进行改造，在大楼四面挖沟，分别埋设 4 个接地网，接地极用 50 mm×50 mm×5 mm 镀锌角钢，每根长度 2 500 mm，垂直砸入 1 200 mm 深沟内，角钢顶端距地面不小于 0.7 m。每根接地极相距 500 mm 以上，并且用 40 mm×4 mm 镀锌扁钢焊接联成一个网状接地装置。4 个接地网分别用一根扁钢连至大楼的对称接地网。改造后接地电阻要小于 1Ω。

2．接地体向机房引入线采用 40mm×4 mm 镀锌扁钢，其应作绝缘防腐处理，出土部位应有防机械损伤的措施。

3．机房内用 40 mm×4 mm 镀锌扁钢或 30 mm×3 mm 铜排铺成环形接地母线，该环形接地母线架设到离地面高 300～350 mm 的墙壁之上，且与墙绝缘连接，环形母线四个角与地网相连。机房内所有设备外壳、暖气、电缆走线架等金属构件全部用 35 mm^2 铜导线就近与接地网相连。

4．该环形母排与底层共用接地体，采用多股绝缘铜芯线通过大楼管道井内已铺设的接地扁钢连接，作为环形母排的接地线。

实训 18　地阻仪的使用方法实训

　　近些年来，雷击事件频频发生，多数与地网接地电阻不合格有关，因此，必须大力加强对地网接地电阻的定期监测。地网接地电阻的测量，由于受系统流入地网电流的干扰以及试验引线线间的干扰，使测试结果产生较大的误差。特别是大型接地网接地电阻很小（一般在 0.5Ω以下），即使细微的干扰也会对测试结果产生很大的影响。如果对地网接地电阻测试不准确，不仅损坏设备，而且会造成不必要的改造地网等资源浪费情况，目前，测试接地网接地电阻的方法很多，其中主要是工频大电流法和异频电源法两种，为了提高测量精度，前者采用增大测试电流来增大信噪比的办法减小干扰的影响，但增大测试电流使得设备笨重，而且并不能完全解决干扰问题；后者主要靠改变测试电流频率（一般为 120 Hz 左右），从而避开 50 Hz 工频干扰，但这种方法无法消除测试引线线间干扰，特别是采用架空线作为测试引线时，误差相当大。

仪器测试原理

　　我们以武汉博宇电力设备有限公司 JD－Ⅱ型大型地网接地电阻测试仪为例，采用电压电流法测量地网的接地电阻值，布线方式采用三极法，来说明测试仪的测试原理。

　　仪器硬件结构简图如图 18-1 所示。本仪器在一次测量过程中采用异频多电源进行测量，计算机控制电源的输出频率并通过进行计算机数据采集和数据处理，消除了测量引线线间的干扰影响。本仪器还采用硬件滤波技术及软件滤波技术来降低工频干扰给测量结果带来的误差，进一步提高了信噪比，使得仪器测量结果更加稳定可靠。

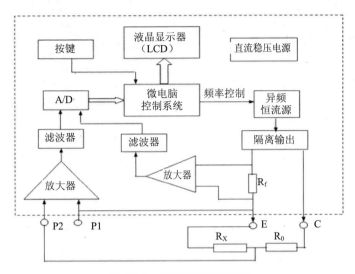

图 18-1 仪器内部结构示意

R_X—待测地网接地电阻；R_0—测量回路电阻，包括测量引线，电流极接地电阻等

仪器面板布置及说明见图 18-2。

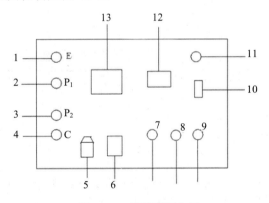

图 18-2 仪器面板布置

1. E—接被测量地网；2. P_1—接被测量地网；3. P_2—接测量电压线（其长度取电流线长度的 0.618 倍）；4. C—接测量电流线（其长度取地网对角线长度的 4~5 倍）；5. 电源插座，输入电压为 AC 220V；6. 电源开关；7. 复位键，按下此键中中断仪器的测量；8. 设置键；9. 确认键，按下此键，仪器将启动内部电源并开始测量；10. 通信口；11. 仪器接地柱；12. 液晶显示，显示操作过程及测量结果；13. 打印机

一、实训目的及要求

掌握地阻仪测量接地网电阻的基本方法。

二、实训器材

地阻仪。

三、实训内容

1. 按图 18-3 所示接好线。

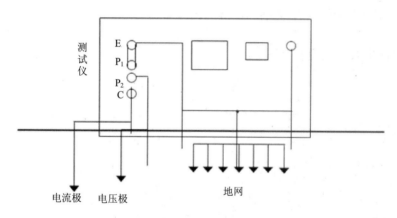

图 18-3　实验接线

注：当地网接地电阻较小时（≤0.5Ω），为了提高测量精度，减小仪器与地网测量引线电阻及接触电阻对测量结果的影响，可将 E、P 短路片解开，按图 18-4 方法接线。

　　2. 检查接线无误后，打开 AC 220V 电源开关，此时液晶屏显示"开始测试？"
　　3. 按下确认键，仪器开始测量，屏幕显示"正在测量，请稍候……"约 40秒后，测量完成，显示测量结果。此时按"设置"键可选择"打印"或"返回"，按"确认"键可执行所选择的操作命令。
　　4. 测量结束后请关掉仪器电源，再拆除连线。

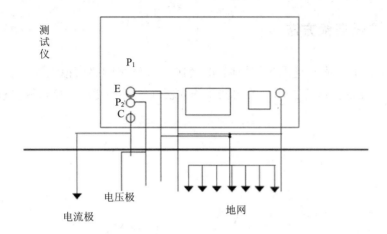

图 18-4   试验接线

四、注意事项

1．本仪器测量范围为 0～4Ω，如果超过量程或出现其他故障，如断线等，仪器将显示"超量程"字样，请检查后再进行测量。

2．本仪器采用交流异频电源，为使仪器可靠使用，在测试过程中尽量减小电流极接地电阻（如深埋或浇灌盐水等），如超过仪器负载能力，仪器将显示"回路电阻偏大"字样。

3．仪器如出现其他故障，请直接与本公司联系，服务电话：027—87498693，请勿自行拆开。

五、说明

1．E 极在使用三极法测量时必须与 P_1 短接起来，但当地网接地电阻很小，为了减小接触电阻引起的误差，需单独引线与地网测试点相连。

2．测试引线长度及布线方式按有关规程执行。下面两种方式仅供参考：

测试电流引线长度取地网对角线长度的 4～5 倍（平行布线法）或 2 倍以上（三角形布线法），电压引线长度为电流引线长度 0.618 倍（平行布线法）或等于电流线（三角形布线法）。

六、仪器自检方法

仪器出厂时，配有地网模拟电阻 R_x（1Ω）及测量回路模拟电阻 R_0，每次试验前可按图 18-5 接线方式，检验仪器工作状况（注：不能作为仪器精度校验）。

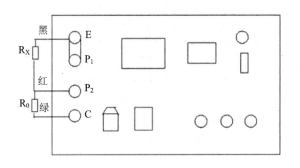

图 18-5　仪器自检原理接线

如测量结果为 1Ω 左右，仪器属正常。

实训 19　工程施工系统的设备安装

一、实训目的及要求

1. 了解设备安装的范围和特点。
2. 各种设备及机架的安装方法。
3. 连接硬件和信息插座安装的具体要求。
4. 机架与机柜的安装。
5. 模块安装检查。

二、实训器材

RJ-45 模块，RJ-45 配线架，信息插座，支架，底板，理线架，机柜。

三、实训内容

1. 安装的范围、类型和特点

（1）在设备间里，综合布线设备包括：建筑物配线架和各种模块，布线接插件等相应设备。在楼层交接间内装设楼层配线架，单孔、多孔信息插座。

（2）常用的类型基本分为双面配线架的落地安装方式和单面配线架的墙上安装方式两种，设备的结构有敞开的列架式和外设箱体外壳保护的柜式等。

国内均采用通用的 19 英寸（48.26 cm）标准机柜（架）；信息插座由面板、接线模块和盒体几部分组装成整体；连接用的插座插头为 RJ-45 型或 IDC 卡接式的接线模块。

2. 设备的安装

（1）机架、设备的排列布置、安装位置和设备面向应符合设计要求，并符合实际测定后的机房平面布置图中的需要，要求机架和设备与地面垂直，其前后左右的垂直偏差均不大于 3 mm。

（2）机架和设备上各种零件的标志要求统一、完整、清晰、醒目。

（3）机架和设备安装牢固可靠，各种螺丝必须拧紧，无松动、缺少、损坏或锈蚀等缺陷，机架不能有摇晃现象。

（4）机架和设备前预留 1 500 mm 的空间，机架和设备背面距离墙面大于800 mm，相邻机架和设备靠近，同列机架和设备的机面排列整齐。

（5）建筑物配线架采用单面配线架的墙上安装方法，要求墙壁必须坚固牢靠，能承受机架重量，其机架底距地面为 300～800 mm，接线端子按电缆用途划分连接区域，方便连接，并设置标志，以示区别。

（6）建筑物配线架采用双面配线架的落地安装方法。

① 缆线从配线架下面引上走线方式，配线架的底座位置与成端电缆的上线孔相对应，利于缆线平直引入架上。

② 各个直列上下两端垂直倾斜误差不大于 3 mm，底座水平误差每平方米不大于 2 mm。

③ 跳线环等装置牢固，其位置横竖、上下、前后整齐平直一致。

④ 接线端子按电缆用途划分区域，方便连接，并设置各种标志，以示区别，便于管理。

3．机架与机柜的安装

（1）机架与机柜的安装垂直偏差不大于 3 mm，组成零件齐全。

（2）小箱体采用螺丝固定在地面或墙上。

（3）机柜（架）的安装。

① 机柜（架）直接安装在地面，拧紧螺丝，不能直接固定在活动地板的板块上。

② 机柜（架）在形成列架时，顶部安装采用由上架、立柱、连固铁、列间撑铁、旁侧撑铁和斜撑组成的加固连接网。

4．模块安装检查

（1）所有模块（包括 IDC 及 RJ-45 模块，光纤模块）支架，底板，理线架等部件紧固在机箱或机柜内，符合设计的要求。

（2）设备间、交接间内各种模块的彩色标签的内容：

绿色：外部网络的接口侧，如公用网电话线，中继线等。

紫色：外部网络主设备侧。

白色：建筑物主干电缆或建筑群主干电缆。

蓝色：水平电缆侧。

灰色：交接间至二级交接间之间的连接主干线缆侧。

橙色：多路复用器侧。

黄色：交换机其他各种引出线。

（3）所有模块做四个孔位的固定点。

（4）连接外线电缆的 IDC 模块加装过压过流保护器。

实训 20　综合布线系统工程标识标记方法

传输介质从铜缆发展到现在的双绞线和光纤，传输速度由十兆、百兆发展到千兆。国际测试验收标准也由 TIA568 更新到了 TIA/EIA－568B。可是，与 TIA568 标准同时推出的《商业建筑物电信基础结构管理标准》（TIA/EIA－606）在国内的推广应用却非常缓慢。其主要原因是布线工程的甲乙双方和工程监理所关心的主要是工程的质量，如线缆敷设是否符合标准、能否通过测试验收、工程造价是否超预算等。而与用户关系最密切的网络文档和标签标识往往是被忽略的。经常发生的是当网络运维人员进入机房时，发现线缆和相关设备上贴的标识已经脱落，用户线路信息已无处查找。

随着综合布线工程的普及和布线灵活性的不断提高，用户变更网络连接或跳接的频率也在提高，网管人员已不可能再根据工程竣工图或网络拓扑结构图来进行网络维护工作。那么，如何能通过有效的办法实现网络布线的管理，使网管人员有一个清晰的网络维护工作界面呢？这就需要有布线管理。

所谓布线管理，一般有两种方式。一种是逻辑管理，另一种是物理管理。逻辑管理是通过布线管理软件和电子配线架来实现的。通过以数据库和 CAD 图形软件为基础制成的一套文档记录和管理软件，实现数据录入、网络更改、系统查询等功能，使用户随时拥有更新的电子数据文档。逻辑管理方式需要网管人员有很强的责任心，需要时时根据网络的变更及时将信息录入到数据库。另外，需要用户一次性投入的费用比较大。

物理管理就是现在普遍使用的标识管理系统。根据《商业建筑物电信基础结构管理标准》（TIA/EIA－606）的规定：传输机房、设备间、介质终端、双绞线、光纤、接地线等都有明确的编号标准和方法。通常施工人员为保证线缆两端的正确端接，会在线缆上贴上标签。用户可以通过每条线缆的唯一编码，在配线架和面板插座上识别线缆。由于用户每天都在使用布线系统，而且用户通常自己负责布线系统的维护，因此越是简单易识别的标识越容易被用户接受。一般标识使用简单的字母和数字进行识别。现在尽管许多制造商在生产面板插座时预印了"电话"、"电脑"、"传真"等字样，但我们建议不要在面板插座上使用这些图标。因为，首先这些标识信息不完全，达不到管理的目的；其次布线基础设施将不再具有通用性。在 TIA/EIA－606 标准中，如何作标识、用什么样的标识、怎样做记录、记录中应该包含什么、系统图、平面图等都有明确的规定，在此不做详述。

在 TIA/EIA—606 标准 8.2.2.3 中对标签材质的规定是：线缆标签要有一个耐用的底层，材质要柔软易于缠绕。建议选用乙烯基材质的标签，因为乙烯材质均匀，柔软易弯曲便于缠绕。一般推荐使用的线缆标签由两部分组成，上半部分是白色的打印涂层，下半部分是透明的保护膜，使用时可以用透明保护膜覆盖打印的区域，起到保护作用。透明的保护膜应该有足够的长度以包裹电缆一圈或一圈半。同时标签还要符合 UL969 的要求（UL——美国保险商实验所是一个独立的、非营利性质的产品安全试验和认证的组织）。UL969 实验分为暴露实验和选择实验两部分。暴露实验包括：温度、湿度和抗磨损实验；选择实验包括：黏性强度、防水、防紫外线、抗化学腐蚀、耐气候性、抗低温能力实验等。目前国内还没有通过 UL969 实验的同类产品。

（一）布线系统中线缆标识的选择

那么究竟什么样的标签适合在线缆上使用呢？TIA/EIA—606 标准中推荐了两种类型：一类是我们前面提到的专用线缆标签，可直接粘贴缠绕在线缆上，这类标签通常以耐用的化学材料作为基层而绝非纸质。另一类电缆标识是套管和热缩套管。套管类产品只能在布线工程完成前使用，因为需要从线缆的一端套入并调整到适当位置，如果为热缩套管还要使用加热枪使其收缩固定，套管线标的优势在于紧贴线缆提供最大的绝缘和永久性，非常适合某些特殊环境的需要，如电力、核工业等行业。

选择了适合的标签后，第二个应考虑的问题是如何印制标签，可选的方法包括：

（1）使用预先印制的标签。

预先印制的标签有文字或符号两种，常见的印有文字的标签包括 DATA（数据）、VOICE（语音）、FAX（传真）和 LAN（局域网），其他预先印制的标签包括电话传真机或计算机的符号，这些预先印制的标签节省时间，方便使用，适合大批量的需求，但这些文字或符号的内容对于以管理为目的的应用是远远不够的。

（2）使用手写的标签。

手写标签要借助于特制的标记笔，书写内容灵活、方便，但要特别注意字体的工整与清晰。

（3）借助软件设计和打印标签。

（4）使用手持式标签打印机现场打印。

对于印制少量的标签来说，有多种类型的手持打印机可以使用，由于受到技术和生产工艺的限制，国产线缆标签中符合 UL969 标准的品种较少，无法满足多种应用的要求。

（二）标志的管理

标志管理是管理子系统的一个重要组成部分。完整的标志应提供以下信息：建筑物的名称、位置、区号和起始点。综合布线使用了 3 种标志：电缆标志、场标志和插入标志。其中，插入标志最常用。这些标志是硬纸片，通常由安装人员在需要时取下来使用。

（1）电缆标志。

由背面为不干胶的白色材料制成，可以直接粘贴到各种电缆表面上。

（2）场标志。

也由背面为不干胶的材料制成，可贴在设备间、配线间、二级交接间和建筑物布线场的平整表面上。

（3）插入标志。

插入标志是硬纸片，可以插在 1.27 cm×20.32 cm 的透明塑料夹里，这些塑料夹位于 110 型接线块上的两个水平齿条之间。每个标志都用色标来指明电缆的源发地，这些电缆端接于设备间和配线间的管理场。在管理点，根据应用环境、端接使用标记、插入色条来标志下列类型的线路。插入标志所用的底色及其含义如下：

1）在设备间

① 蓝色：从设备间到工作区的信息插座（T/O）实现连接。

② 白色：干线电缆和建筑群电缆。

③ 灰色：端接与连接干线到计算机房或其他设备间的电缆。

④ 绿色：来自电信局的输入中继线。

⑤ 紫色：公用系统设备连线。

⑥ 黄色：交换机和其他设备的各种引出线。

⑦ 橙色：多路复用输入电缆。

⑧ 红色：关键电话系统。

⑨ 棕色：建筑群干线电缆。

2）在主接线间

① 白色：来自设备间的干线电缆的点对点端接。

② 蓝色：到配线接线间 I/O 服务的工作区线路。

③ 灰色：到远程通信（卫星）接线间各区的连接电缆。

④ 橙色：来自卫星接线间各区的连接电缆。

⑤ 紫色：来自系统公用设备的线路。

3）在远程通信（卫星）接线间

① 白色：来自设备间的干线电缆的点对点端接。

② 蓝色：到干线接线间 I/O 服务的工作区线路。

③ 灰色：来自干线接线间的连接电缆。

在每个交连区实现线路管理的方法，是在各色标场之间接上跨接线或插入线，这种色标用来标明该场是干线电缆、水平电缆或设备端接点等。技术人员或用户可以按照各条线路的识别颜色插入色条，以标识相应的场。这些场通常分配给指定的接线块，而接线块则按垂直或水平结构进行排列。当有关场的端接数量很少时，可以在一个接线块上完成所有行的端接。

图 20-1、图 20-2 和图 20-3 分别是典型的干线接线间、二级（卫星）接线间连接电缆的用法、典型的配线方案。

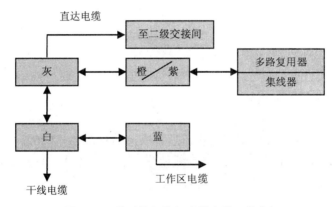

图 20-1 典型的干线间连接电缆及其色标

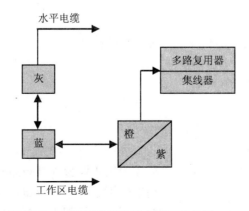

图 20-2 二级接线间连接电缆及其色标

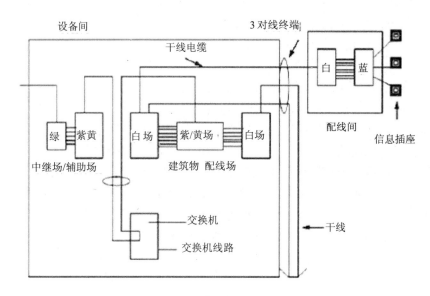

图 20-3 典型的配线方案

一、实训目的及要求

了解《商业建筑物电信基础结构管理标准》（TIA/EIA－606）。

掌握线缆（电信介质）、通道（走线槽/管）、空间（设备间）、端接硬件（电信介质终端）和接地上五者的标识管理方法。

二、实训器材

线缆标签、线缆、配线架、桥架、线槽等。

三、实训内容

1. 布线彩色标识管理方式的实施

彩色标识管理是在每个交接区实现线缆管理的方式，是在各色标区域之间按照应用的要求采用跳线连接。色标作为用来区分配线设备的性质、标识按性质排列的接线模块，表明端接区域、物理位置、编号、容量、规格等，以便管理人员一目了然地加以识别，即在配线架上将来自不同方向或不同应用功能设备的线路集中布放，并按规定标记不同颜色的区域，当一个工程内有多个设备间、交换间、楼层配线间，应采用统一的色标区别各类用途的配线区，综合布线管理系统通常使用三种标记：缆线标记、区域标记和插接件标记。

2. 彩色标识管理

管理子系统分布在建筑物每层的配电间内。由交接间的配线设备（双绞线跳线架、光纤跳线架）以及输入/输出设备等组成。其交连方式取决于工作区设备的需要和数据网络的拓扑结构。

（1）单点管理和双点管理

a. 单点管理双交接。当建筑物的规模不大，管理规模适中时，采用这种方式。单点位于设备间的交换机或计算机主机附近，通过干线连至管理配线间里面的第二个交连区。如果没有配电间第二个交连点，可放置在用户间的墙壁上。

b. 双点管理双交接。当建筑物单层面积大，管理规模大，多采用二级交接间，即采用双点管理双交换方式。双点管理除了在设备间有一个管理点，在管理配电间仍有一级管理交连（跳线），在管理子系统的跳线架中的线缆可用下述相应的色标表示。

交接间：白色表示来自设备间的干线电缆端接点；蓝色表示连接交接间输入/输出服务的站线路；灰色表示来自交接间的连接电缆；橙色表示来自交接间多路复用器的线路；紫色表示来自系统公用设备（如分组交换集线器）的线路。

二级交接间：白色表示来自设备间的干线电缆的点对点端接；蓝色表示连接交接间输入/输出服务的站线路；灰色表示连接交接间的连接电缆端接；橙色/紫色与交接间所述线路类型相同。

（2）管理子系统的硬件构成

a. 双绞线电缆跳线架

跳线架按跳线类型不同分类，分跨接线（简易跳线）管理类，即 A 类，有 100 对、300 对两种；插入线（快速跳线）管理类，即 P 类，有 300 对、900 对两种。

b. 跨接式跳线和插入式跳线

跨接式跳线（简易跳线）有 1、2、3 和 4 对线 4 种，使用专用工具直接压入跳线架完成跳线操作。

插入式跳线（快速跳线）有 1、2、3 和 4 对线 4 种，只要把插头夹到所需的位置，就完成了跳线操作。

c. 跳线架的标志

跳线架的标志是管理 PDS 的一个重要组成部分。一个建筑群系统，其标志应提供建筑物的名称、位置、区号、起始点和功能。当然，系统管理人员也可按具体情况自行设计标志内容。

实训 21　工程施工预算与文件编制实训

（一）建设工程的概算（预算）是对工程造价进行控制的主要依据，它包括设计概算和施工图预算。设计概算是设计文件的重要组成部分，应严格按照批准的可行性研究报告和其他有关文件进行编制。施工图预算则是施工图设计文件的重要组成部分，应在批准的初步设计概算范围内进行编制。

概算文件的内容

工程概况、规模及概算总价值。

编制依据：依据的设计、定额、价格及地方政府的有关规定和信息产业部未作统一规定的费用计算依据说明。

投资分析：主要分析各项投资的比例和费用构成，分析投资情况。说明设计的经济合理性及编制中存在的问题。

预算文件的内容

工程概况，预算总价值。

编制依据及对采用的收费标准和计算方法的说明。

工程技术经济指标分析。

（二）GCS（综合布线）工程费用构成

GCS工程费用安装定额除执行建筑与建筑群综合布线系统预算定额外，工程项目总费用原则上使用通信建设有关文件规定。由于GCS的设备安装、线缆敷设、插接件安装等工序和技术均具有专门要求，因此，对于一些环境条件恶劣（如高寒、亚热带、强腐蚀和电磁干扰等场所需要增加防护措施）和工程有特殊要求时，宜根据采用的安装定额参数乘以适当系数。

工程项目总费用由工程费（由建筑安装工程费和设备购置费组成）、工程建设其他费和预算费三个部分构成，具体项目构成如下：

建筑安装工程费即各种设备、通信管道（线）、线缆布放、模块插接件以及电缆桥架等的工程直接费。

设备及材料安装费根据初步设计工程量按《安装工程概算指标》来计算。国外订货的设备及材料的安装费也应按上述指标计算。

主材费按《安装工程概算指标》中的主材费并调整到设计当年价格。未进入概算指标中的主材费，也应按设计当年价格计算，其运杂费按材料原价格的 6.5 % 列。国外订货的材料其国内运杂费与国外订货的设备相同，按《引进工程概算办法》计算。

安装工程费用按《安装工程费用定额》中的取费标准和计算程序计算。由定额直接费及相应费用（其他直接费、间接费、计划利润、税金、在特定的条件下发生的费用）组成。为了简化计算，可根据经验数据采用系数法来估算，即各类设备的安装费的百分比计算（可参照已有的类似工程项目建设投资估算指标）。采用的系数应按不同设备分类和专业组成取定。

建筑工程费

由定额直接费和相应费用、其他直接费、间接费（计划利润、税金）组成。建筑工程费一般按造价指标估算。也可参照历史资料，并考虑物价上涨因素，不同地区的变化，按其占工程费用的百分比估算。为简化计算工作量，建筑安装工程费用一般采用综合费率的方法计列。但特定条件下增加的各项费用，一般不单独列出。

建筑安装工程费由直接工程费、间接费、计划利润和税金组成。

直接工程费由直接费、其他直接费、现场经费组成。

其中直接费是施工过程中耗用的构成工程实体和有助于工程实体形成的各项费用，包括人工费、材料费、机械使用费等。

人工费：指直接从事综合布线安装施工的生产人员开支的各项费用，包括：基本工资、工资性补贴、辅助性工资、福利费、劳保费等。

材料费：指施工过程中耗用的构成工程实体的原材料、辅助材料、构配件、零件、半成品的费用和周转使用材料的租赁或摊销等费用。包括：材料原价、供销部门手续费、包装费、运杂费、采购及保管费、运输保险费等。

机械使用费：指使用施工机械和仪器仪表作业所发生的使用费等。包括：折旧费、大修理费、人工费、运输费等。

特殊地区施工增加费（高寒、高原、亚热带、污染严重等地区）、人工费差价、流动施工津贴等。

间接费由企业管理费和财务费构成。企业管理费：指为组织施工生产经营活动所发生的管理费，包括：管理人员基本工资、差旅交通费、办公费、工具用具使用费、保险费、税金、劳动保险费以及其他费用等。财务费：指企业为筹集资金而发生的各种费用，包括短期贷款利息净支出、汇兑净损失、金融机构手续费等费用。

计划利润：计划利润＝概算（预算）人工费×计划利润率

综合布线工程人工费参考计划利润率（%）如下：

一类工程 60

二类工程 55

三类工程 35

四类工程 30

对综合布线工程，10 000 m² 以上建筑物为二类工程，5 000～10 000 m² 建筑物为三类工程，5 000 m² 以下建筑为四类工程。

税金：税金＝营业税+城市维护建设税+教育费附加＝（直接工程费+间接费+计划利润）×税率。税率一般取 3.41%

设备材料购置费

设备材料购置费＝设备、工器具原价+供销部门手续费+包装费+运装费+采购及保管费+运输保险费

供销部门手续费费率按 1.8%计取；

运杂费＝设备、工器具原价×费率

运输保险费＝设备、工器具原价×费率（0.1%）

采购及保管费按设备、工器具原价的 1.0%～2.8%计取。

预备费：预备费＝（工程费+工程建设其他费）×预备费费率，预备费费率见下表：

表 21-1　预备费费率

名称	计费基础	费率/%
综合布线设备安装工程	工程费＋工程建设其他费	3
综合布线工程	工程费＋工程建设其他费	4
综合布线管道工程	工程费＋工程建设其他费	5

注：多阶段设计的施工图预算不计取此项费用，总预算中应列预备费余额。

设备购置费

根据初步设计设备表所列的工程量，按设备的销售现价（对主要设备要进行预询价）、设备运杂费定额，成套设备订货手续费（发生时计列）计算。

（1）设备原价

通用设备根据设备型号、规格和数量，以设计当年制造厂的销售现价逐项计算。

非标准设备根据设备类别、材质、结构的复杂程度和设备重量，以设计当年制造厂的销售现价（包括技术条件和价格因素）进行计算。

国外订货的设备，一般以合同价为依据，并分别按离岸价（FOB），成本加运费（C&F），到岸价（CIF）三种不同交货条件下的价格计算从属费（国外运费、运输保险费、银行财务费、外贸手续费、关税、增值税）。对于减免税的项目，减免部分应增加海关监管手续费。外汇折算应按国家外汇管理局公布的银行卖出价（注明日期）为准。

（2）设备运杂费

国内设备的运杂费按《工程建设其他费用和预备费定额》中所列的设备运杂费率计算。引进国外设备的国内运杂费按《引进工程概算编制方法》计算。

对引进国外设备及材料国内运杂费率，按照缆线和器件的运输距离收取。运杂费计算指器材自发货点至工地或安装地点运输、装卸、搬运所发生的费用。

（3）运输费保险费、供销部门手续费、采购保管费（参照相关费率计算）。

（4）成套设备订货手续费（发生时计列）。

（三）工程建设其他费用

是指建筑安装工程费和设备购置费用以外的（根据有关规定应在基本投资中支付的费用）任何一个工程的费用都是由人工费、材料设备费、施工机械费、间接费等各类费用构成。各类费用之间有一个合理的比例问题，一般是人工费用占工程总费用的 15%～20%，材料设备费（包括运费）占工程总造价的 45%～65%，机械使用费占 3%～10%，工程其他费用占 10%～25%。

一、实训目的及要求

掌握综合布线系统工程概预算文件的编制。

二、实训器材

《建筑安装工程概预算》。
《最新通信工程概预算定额数据库》。

三、实训内容

1．制作概算预算封面及签署页

（1）封面内容包括建设单位工程项目、设计单位、施工单位、制表日期等。

（2）签署页包括编制单位、编制人、校对人、审核人、单位主管等。

2．编写编制说明

（1）工程概况：说明工程项目的内容、建设地点、环境及施工条件等。

（2）编制依据：说明工程项目概预算编制所依据的设计文件、图纸料；说明概预算编制所依据的预算定额、取费标准及相应的价差调整等；其他有关未尽事宜的说明。

3．计算概预算总费用

（1）设备器材购置费

·国内设备、工器具、器材、材料，软件购置费包括设备、工器具、器材、材料、软件的原价+运杂费。

·引进设备、工器具、器材、材料，软件购置费由到岸价及关税、增值税、商检费、银行财务费、外贸公司手续费、海关监管费及国内运杂费等费用组成。

（2）安装工程费

·用安装工程直接费计算表，标明定额编号、人工费、材料费、机械费（仪器仪表费）的单位、数量、单价、复价等。

·根据相应安装工程费用计算表计算安装调试开通费。

4．计算设计费。

5．计算检测工程费，检测工程费根据有关规定计算。

6．计算预备费，预备费根据有关规定或双方商定的费用计算。

7．编制其他费用。

实训 22　综合布线系统工程标书制作

　　根据国家招投标法,投资额超过 500 万元的工程必须经过投标选择承包单位。智能化系统招投标过程一般为两步:第一步为业主招总包单位,第二步为总包单位单独或与业主联合招分包单位。

　　标书是智能化系统招投标的纲领性文件。标书的编制是一项具有严肃性、权威性的工作,标书一般由业主委托具有相关资质的工程咨询公司或业主主持编写。

　　标书编写依据包括:本行业国家及地方的智能化系统设计规范以及相关法规、规定;用户需求;初步设计及总体设计。

　　标书编写的一般方法是根据智能化系统的专业设置,分为综合布线系统、楼宇自控系统、消防系统、物业管理、系统集成等,各系统专业人员撰写初稿后拟由相关的专家小组审稿、定稿,以便统一格式,统一技术、经济及内容深度要求,使各专业功能协调、档次一致、相互呼应。标书中的有关技术要求是标书的核心内容,应努力做到重点突出,量化各项技术指标,尽量少用模糊的定性的条文语言,所有的附图、数据表格要准确无误。另外,标书对报价所包括的内容要明确具体,以防投标者漏项,日后追加工程款项。

　　标书的具体内容一般包括工程概况、投标资格要求(相关资质、财务状况及信用等级、工程业绩等)、功能要求、技术要求等。

　　为了直观实用地表示标书编写方法,下面的两个示例体现了控制系统、信息系统标书的一般内容。

　　1. 某大厦综合布线系统招标文件

　　1.1　大厦概况

　　某大厦是由某房地产发展有限公司投资兴建的高档写字楼,是某市政府的重点建设工程项目。某房地产公司决定将某大厦建设成为当代一流的智能建筑,其智能化系统由某院以总承包方式承担建设。某大厦工程得到有关部门的高度重视,某大厦智能化系统的设计和建设将严格按照国家智能建筑的各项规定开展工作。某大厦建筑概况:

　　(1) 工程地点;

　　(2) 用地总面积;

（3）建筑总面积：其中地下室省略；

（4）使用性质：行政办公；

（5）建筑结构：钢筋混凝土结构；

（6）建筑层高及用途见表 22-1。

表 22-1　建筑层高及用途

楼层	说明	层高（H）
B3	水泵房、变压电室、发电机房、空调机房	4.8 m
B2	人民防空、车库等	4.5 m
B1	地下汽车库等	4.25 m
F1	大堂、商务中心、消防中心等	5 m
F2	商场、商库、中央控制室	5 m
F3	商场	5 m
F4	证券、金融	5 m
F5	证券、金融	4.5 m
F6	证券、金融	3.3 m
F7	办公	3.3 m
F8	办公	3.3 m
F9—13	办公	3.3 m
F13B	避难间、空调机房	3.0 m
F14—26	办公	3.3 m
F26B	避难间、空调机房（自本层起强电井无，与之相邻的消防线路竖井办理设计变更洽商保留）	3.3 m
F27—37	办公	3.3 m
F38	中西餐厅	3.6 m
F39	舞厅、健身房、茶座、酒吧	4.5 m
F40	水泵房、空调机房、TV 采编室	4.0 m
F41	观景厅	6.2 m
F42	网架层	2×2.7 m

此大厦智能化系统包括如下子系统：

（1）综合布线与计算机网络系统；

（2）楼宇自动控制系统；

（3）火灾自动报警与消防联动控制系统；

（4）保安防范系统；

（5）背景音乐和公共广播系统；

（6）卫星及有线电视系统；

（7）通信系统（待市邮电局与甲方商定）；

（8）地下停车场自动管理系统；

（9）地下通信系统；

（10）ISP 专线接入系统；

（11）物业管理信息系统；

（12）视频会议系统；

（13）智能化系统集成。

1.2 投标须知

大厦智能化系统总承包单位负责大厦智能化系统整个建设过程，并会同甲方对智能化系统各子系统的设备供应、安装调试、人员培训和售后服务保障等环节进行招标。本招标书的招标范围是大厦综合布线系统设备供应、施工安装、调试、培训和售后维护服务。

大厦作为重点工程，其成功建设对提高我国智能建筑技术，推动我国智能建筑朝着健康、有序的方向发展具有重要意义。各投标单位必须本着严谨、认真、科学的态度做好投标的各项工作。

综合布线系统分包商选择标准：

（1）投标方必须是在中国境内注册登记的、合法的专业公司，具有相应的营销和承担综合布线系统工程建设的资质证书。

（2）投标方的产品必须通过 ISO 9000 质量体系认证，符合国际上综合布线系统的工业标准。产品技术先进、性能可靠、性能价格比高，投标方必须保证按时供货。

（3）投标方必须具备强有力的综合布线系统的设计能力、施工队伍和培训机构，保证系统建设的顺利进行。投标方还必须在当地设立正式的维修机构和较强能力的维修队伍，保证系统投入运行后，能及时进行维护、升级和排除故障。

（4）投标方必须承担多个综合布线系统建设的工程项目，其中，至少一个信息点数超过 10 000 点的工程项目，具备优良的工程业绩。

（5）投标单位资信要求：投标单位应是知名的综合布线公司，而不是代理商；投标单位必须具备足够的经济实力，具备在分包合同中分包价额的支付、偿还能力及信誉保证；具备国内知名银行对其资金信誉的相应担保。

1.3 投标文件的要求

1.3.1 投标单位应按照国家关于建筑智能化系统建设的有关规定、标准规范、文件、定额标准编制施工概算。

1.3.2 投标方完成并提交竞标书一式十份（正本两份、副本八份），加盖企业印章，并经企业法人签字方为有效。

1.3.3 投标方必须按照招标文件要求及招投标格式进行投标，并附必要的文字说明。

1.3.4 投标方应按照招标文件中提出的设备要求和功能要求进行投标，并提出详细设备清单。设备清单应完全满足系统建设所需要的数量、质量和性能要求。

1.3.5 投标方在所提交的综合布线系统的总价格中应包括如下费用：

（1）所有进口设备运抵香港的 FOB 价格（不含关税和增值税），国产或国内采购设备运抵工地现场的价格；

（2）设备备用件价格；

（3）工程施工材料费（包括线缆等材料清单、价格、数量和总价）；

（4）设计、施工、安装、调试、督导、测试费；

（5）人员培训费；

（6）售后服务费。

1.3.6 所有设备必须具备设备名称、型号、数量、厂家、产地、单价、总价表。

1.3.7 投标方在投标文件应注明系统总价的付款方式。

1.3.8 投标方对系统设计方案、质量保证措施、售前售后服务以及给业主提供的优惠条件等，请在投标文件中用图示或文字进行说明。

1.3.9 投标文件必须用中文书写，要求字迹清楚，表达明确，不应有涂改、增删处。如有涂改，修改处必须有法人代表的签章。

1.4 投标单位须提供的资质材料及相关材料

1.4.1 企业营业执照复印件，产品在中国的销售许可证，产品鉴定书，各种测试报告，企业在中国承担综合布线系统的资质证书等。

1.4.2 提供企业及产品 ISO 9000 质量保证体系证书。

1.4.3 产品样本、中文说明书图片资料及获奖证书复印件。

1.4.4 投标单位技术力量及装备情况简介。

1.4.5 工程施工方案及进度计划表。

1.4.6 工地组织管理一览表。

1.5 投标和议标

1.5.1 投标方必须在接到甲方和总包单位招标书后十天内，即×年×月×日下午 5：00 之前，将竞标书交到以下地点：

地址：×××××××××   邮编：××××××   联系人：×××

联系电话：×××××

若超过送达时间，则视为自动弃权投标。

1.5.2 若投标方对条款说明之内容有异议时，应在接到招议标书三日内以书面形式通知总包单位澄清、解释。

1.5.3 在开标后，由甲方组织总包单位和专家组成的评议标小组，对所有文件进行评定。

1.5.4 评议标小组及甲方有权要求投标方对竞标书及其他有关问题进行解答；投标方按照评议标小组及甲方规定的时间出席答疑和洽谈；如不按时到达，则视为自动退出竞标。

1.5.5 投标方必须依照招标书之内容要求进行投标。

1.5.6 投标单位必须明确议标价格为综合布线系统建设包干价，包括因物价或劳工价变化而引起之涨落。

1.5.7 甲方和总包单位选定投标方后，投标方所提供的投标书将被视为合同的一部分，具有同等法律效力。

1.6 中标的标准

1.6.1 总包单位及甲方收到投标书后，根据产品的先进性、功能特点及性能指标、性能价格比、工程实力等，进行全面分析、评价，不承诺选择价格最低的投标方。

1.6.2 投标方签署的投标文件完整无损，符合标书的要求。

1.6.3 投标方产品满足技术要求，保证质量和交货期，价格合理。

1.6.4 提供完整的售前售后服务、培训计划、长期维修方案。

1.6.5 提供足够的备用产品、备用配件和易损件。

1.7 中标通知和合同签订

1.7.1 决标后由招标单位通知中标单位和未中标方，但不做任何解释，未中标方费用自负。

1.7.2 中标方接到通知后，在总包单位和甲方规定的时间内与总包单位和甲方签订正式合同。

1.7.3 总包单位和甲方选定中标单位后，如中标单位不能按竞标书中所列各项内容执行，总包单位和甲方有权要求投标方赔偿总价格 10%作为延误损失费。

1.8 投标书的密封与送达

投标书必须密封，并在封签处加盖单位公章，投标书可按指定时间派专人送达或邮寄，邮寄的投标书以到达邮戳日期为准。

1.9 招标技术要求
1.9.1 设备清单（表 22-2）

表 22-2　设备清单

主要产品名称	数量	单位	备注
双孔信息插座	—	个	—
超 5 类模块	—	个	—
超 5 类双绞线	—	箱	1 000 英尺/箱
5 类 25 对大对数电缆（power sum）	—	轴	1 000 英尺/轴
6 芯室内光纤（多模）	—	m	—
24 口配线架	—	个	—
24 口管理面板	—	个	—
48 口配线架	—	个	—
48 口管理面板	—	个	—
12 口光纤接口箱+耦合器	—	个	—
72 口机架式光纤接口箱	—	个	—
6 口耦合器	—	个	—
光纤 SC 头（不锈钢）	—	个	—
100 对机架式跳线架	—	个	—
400 对机架式跳线架	—	个	—
跳线过线槽	—	个	—
跳线架 5 对插块	—	个	—
1.8 m RJ-45 跳线	—	根	—
3 m RJ-45 跳线	—	根	—
2 对 110 转 RJ-45 跳线	—	根	—
SC—SC 光纤跳线（5M 陶瓷）	—	根	—
2 m 机柜	—	个	—

注：该清单为系统的基本需求清单，投标方可根据具体情况，在符合标书要求情况下作适当增减，但必须说明调整理由，并使调整后性能不得低于本清单要求。

1.9.2 产品标准和规范
本招标书中所使用的主要的通用规范和标准：

商用建筑物布线标准　　　　　　　　　　　　　　EIA/TIA—568—A
民用建筑通道和空间标准　　　　　　　　　　　　EIA/TIA—569—A
民用建筑通信标准（接地）　　　　　　　　　　　EIA/TIA—607
民用建筑通信管理标准　　　　　　　　　　　　　EIA/TIA—606
建筑与建筑群综合布线系统工程设计规范　　　　　CECS 72.97

民用建筑电气设计规范	JGJ/T16—92
中国电气装置安装工程施工及验收规范	GBJ4 62—82
总线局域网标准	IEEE 802.3
环型局域网标准	IEEE 802.3
光纤分布式数据接口高速局域网标准	ANSI FDDI
综合业务数字网基本数据速率接口标准件	CCITT ISDA
市内电话线路工程设计规范	YDJ 8—85
市内电信网光线数字传输系统工程设计技术规范	YDJ l3—88
城市住宅区和办公楼电话通信设施设计规范	YD/T 2008—93

大厦系统结构采用两级星型的物理结构。一级为干线子系统部分，从大厦主设备间，向各楼层配线间辐射，传输介质应采用多模光纤和 5 类 25 对大对数电缆，所有与计算机网络相连的布线硬件均为光纤和超 5 类产品。二级为配线子系统部分，由配线管理间引出 4 对超 5 类 UFP 到大厦信息管理集成系统的各个管理信息点。

综合布线系统具体组成要求：

（1）布线系统选择支持计算机数据网络通信，话音应用，图像传输的应用类型。

（2）整个布线系统共包括 10 316 个信息点。

① 每个信息插座有独立的 4 对 UTP 配线；

② 每个电话信息口的干线电缆至少有 1 或 2 对双绞线；

③ 主干使用多模光缆和 5 类 25 对大对数电缆混合布线。

（3）布线部件遵循综合布线标准，按具体需求配置。

① 传输介质：大厦的垂直主干系统采用多模光纤为数据主干，5 类 25 对大对数电缆为话音主干。水平配线统一采用超 5 类 UTP。传输速率应满足主要系统性能指标要求；

② 配线设备：采用电缆配线架、光纤配线架或光电混合型配线架；

③ 连接设备：交叉连接线及安装插座线都是超 5 类特性。采用 ST 耦合器进行光纤互连及交连；

④ 信息插座：统一 RJ-45 标准的 8 芯接线，可安装模块式信息插座，可按使用要求分别采用埋入型、表面贴装型、地板型（线槽型）和通用型。

（4）布线系统按模块化设计，具体可分为：

① 干线子系统包括连接大厦信息主设备间至各楼层的分配线间的光纤主干及 5 类 UTP 的话音主干及网络设备和相关的布线部件；

② 管理子系统由分布在大厦内各层分配线间内的电缆配线架、光缆配线架和

网络集线设备相关的布线系统组成；

③ 水平子系统包括连接各配线间的 24 口交换器至各子系统桌面工作站的超 5 类 UTP；连接各配线间的超 5 类 UTP；连接各配线间电缆配线架至工作区的话音终端的超 5 类 UTP 和各种信息插座和相关的布线部件；

④ 工作区子系统由转换适配器，高速数据连接线、工作站连接线及相关的布线部件组成；

⑤ 设备间子系统指设备间内与设备有关的系统。这是布线系统最主要的管理区域。

所有楼层的数据由线缆和光纤传送至此。主设备间设在六楼，按服务的性质可分为两个，一个是计算机网络中心，一个是程控机房。

要求所有布线设备安装在 19″标准机柜中，机柜必须预留位置安装计算机网络设备。

1.9.3 计算机网络系统及中央控制室机房技术要求

（1）综合布线系统的设计和建设必须保证大厦计算机网络系统能够根据用户分布、用户需求，建立任意形式的局域网。

（2）综合布线系统在物理上能够保证计算机网络系统和每个局域网的安全性和可靠性，通过防火墙等安全技术，保证计算机网络系统的安全性，避免计算机网络系统受外界的侵入和破坏。

（3）综合布线系统设备能够与计算机及网络设备进行联网和兼容，保证为计算机网络系统的建立提供完整、灵活的物理环境，并保证计算机及网络设备今后的顺利升级。

（4）在用户分布或用户需求发生变化时，综合布线系统能够为计算机网络系统和局域网系统的变更提供灵活、科学、安全的物理环境。

计算机网络系统及中央控制室机房的具体要求如下：

（1）机房网络设计应满足如下功能：

① 支持楼内数据的通信，提供足够的带宽；

② 支持楼内用户与外部的数据通信的要求，如 DDN 等；

③ 为完善的物业管理提供网络基础；

④ 网络应具有防火墙功能，提供防病毒和抵御外界入侵的功能；

⑤ 机房网络设备除网络设备之外，还应包含长延时 UPS；高性能的服务器；支持 SNMP 的可靠的网络管理系统；支持各种远程通信协议和通信方式的路由器等。

（2）中央机房的环境要求：设计依据：《计算站场地技术条件》（GB 2887—89）。本大厦的中央机房位于裙房六层，面积约为 80 m^2。中央机房的环境条件要求如下：

① 温、湿度的要求：主要考虑降温、去湿；

② 防尘杀菌要求：应设紫外线杀菌灯；

③ 照明要求：距地面 0.8 m 处，照度不低于 200 lx；还应设事故照明，距地面 0.8 m 处，照度不低于 5 lx；

④ 防噪声要求：应小于 70 dB；

⑤ 防电磁场干扰要求：场强不大于 800 A/m；

⑥ 供电要求：频率 50 Hz，电压 380 V/220V；

⑦ 内部装修要求：机房装修材料应符合《建筑设计防火规范》（TJ 16—74）中规定的难燃材料或非燃材料，应能防潮、吸音、不起尘、抗静电等；

⑧ 防火要求：在机房内、基本工作房间、活动地板下、吊顶上方、主要空调管道中及易燃物附近部位应设置烟感和温感探测器。除自动消防设施外，还应有手提式灭火器；

⑨ 报价要求：机房部分设备与调试报价单独列出。

2.1　大厦概况（同前，略）

2.2　投标须知

本招标书的招标范围是大厦楼宇自控系统设备供应、施工安装、调试、培训和售后维护服务。要求各投标单位必须本着严谨、认真的态度做好投标工作。

楼宇自控系统分包商选择标准：

（1）投标方必须是在中国境内注册登记的、合法的专业公司，具有相应的营销和承担楼宇自控系统工程建设的资质证书。

（2）投标方的产品必须通过 ISO 9000 质量体系认证，符合国际上楼宇自控系统的工业标准。产品技术先进、性能可靠、性能价格比高，投标方必须保证按时供货。

（3）投标方必须具备强有力的楼宇自控系统的设计能力、施工队伍和培训机构，保证系统建设的顺利进行。

（4）投标方必须承担并完成过多个楼宇自控系统建设的工程项目，投标文件需附至少有三个监控点数超过 1 000 点的工程项目，工程业绩优异。

（5）投标单位资信要求：

① 投标单位应是国内外知名的楼宇自控设备公司；

② 投标单位必须具备足够的经济实力，具备在分包合同中分包价额的支付、偿还能力及信誉保证；

③ 具备国内外知名银行对其资金信誉的担保能力。

2.3 投标文件的要求

2.3.1 投标单位应按照国家关于建筑智能化系统建设的有关规定、标准规范、文件、定额标准编制施工概算。

2.3.2 投标方完成并提交竞标书一式十份（正本两份、副本八份），加盖企业印章，并经企业法人签字方为有效。

2.3.3 投标方必须按照招标文件要求及招投标格式进行投标，并附必要的图表与文字说明。

2.3.4 投标方应按照招标文件中提出的设备要求和功能要求进行投标，并提出详细设备清单。设备清单应完全满足系统建设所需要的数量、质量和性能要求。

2.3.5 投标方在所提交的楼宇自控系统总价格中应包括如下费用：

（1）所有进口设备运抵香港的 FOB 价格（不含关税和增值税），国产设备或国内采购设备运抵工地现场的价格；

（2）设备备用件价格；

（3）工程施工材料费（包括材料线缆清单、价格、数量和总价）；

（4）设计、施工、安装、调试、督导、测试费；

（5）人员培训费；

（6）售后服务费。

2.3.6 所有设备必须具备设备名称、型号、数量、厂家、产地、单价、总价表。

2.3.7 投标方在投标文件应注明系统总价及付款方式。

2.3.8 投标方对系统设计方案、质量保证措施、售前售后服务以及给业主提供的优惠条件等，请在投标文件中用图示或文字进行说明。

2.3.9 投标文件必须用中文书写，要求字迹清楚，表达明确，不应有涂改、增删处。如有涂改，修改处必须有法人代表的签章。

2.4 投标单位须提供的资质材料及相关材料

2.4.1 企业资质、营业执照复印件，产品在中国的销售许可证，产品鉴定书，各种测试报告；

2.4.2 企业及产品 ISO 9000 质量保证体系证书；

2.4.3 产品样本、中文说明书图片资料及获奖证书复印件；

2.4.4 投标单位技术力量及装备情况简介；

2.4.5 工程施工方案及进度计划表；

2.4.6 工地组织管理一览表。

2.5 技术要求

2.5.1 设计依据（略）

2.5.2 系统集成技术要求

集成系统应支持互联网浏览器方式、客户机/服务器模式的网络和分布式数据库集成方式。支持标准的 Internet/Intranet 和 Web 产品，使之构成大厦内统一的信息交换平台。

集成系统总体性能应满足以下要求：

（1）开放系统、模块化结构、标准化协议；

（2）系统以高标准规划，但可以分步实施；

（3）设备互连性好，容易与 OA、CA 集成，并提高物业管理能力；

（4）高可靠性；

（5）经济性；

（6）人机界面友好，全汉化；

（7）能够实现节能管理；

（8）易运行、维护、管理及良好售后服务。

系统技术要求：

（1）楼宇集成管理系统（BMS）

系统与网络要求：楼宇集成管理系统建立在智能化系统控制域的实时网络之上，并具有以国际标准网络通信协议与办公自动化及通信自动化联网的能力。该部分工作应与智能化系统集成相协调，为系统集成提供软硬件及网络技术保证。

系统功能要求：

① BMS 中心管理（PCO）包括全局性测量、控制和管理；综合性全局协调与决策；全局事件的管理。

② 楼宇设备监控管理（BAS/PCI）要求完成对楼宇设备的集中监测和管理，完成对空调设备、给排水设备、变配电设备、照明和电梯设备的监测、控制和管理，并将上述设备的运行情况进行归纳、分析、总结，以文本、图形、图表的形式上报至 m4S 中心计算机（PCO），并执行 BMS 中心计算机的控制指令。包括集中监视功能；优化控制功能；集中综合管理。

③ 消防和保安：实现保安监测及火灾监测信息的收集、处理与协调控制，保安系统的布防/撤防管理，同时对消防和保安设施和设备进行自动巡检等。

（2）楼宇设备自控子系统

系统总则：

① 系统所有设备必须遵循开放系统的总原则，并应尽量选自同一厂家。

② 系统供应商应根据本标书和技术要求，提供 BAS 设备，并保证系统长期运行状态良好。

③ 系统中的各级网络应是先进的、开放式、可互操作、系统兼容性强的智能控制网络。

④ 控制器应采用配置灵活的模块化控制器，每套空调等设备或系统配置一台控制器，以保证系统良好集散性。电动调节阀应性能稳定，具有足够的流通能力和良好的调节特性。

系统概述：楼宇设备自控系统应采用运行在 Windows NT 平台上，构成支持 TCP/IP 协议的智能集成网络，网络结构模式应为集散式。

① 管理层网络：容易实现与建筑物中其他相关系统、集成系统的连接；应采用总线形的网络拓扑结构，并构成局域网，以实现中央站、外部设备和专用控制等设备之间的数据通信、资源共享和管理；通过这层网络应能把 BAS 中所有监控信息送至中央站，而中央站也可通过这一网络传输程序和指令等到有关设备的控制器；数据传输速率不得低于 2.5 Mb/s。

② 监控网络：作为集散控制分站之间的通信网络，应实现各个分站之间，分站与中央站之间以及它们与专用控制接口设备的数据通信；中央站应可以通过这层网络把信息传送到任何指定的分站；应容易地实现与其他厂商设备和系统的连接；数据传输速率不得低于 19.2 kb/s。

综合布线系统工程设计方案投标书

目　录

4 服务

4.1 预期工期

4.2 库存及最短到货时间

4.3 投入人力

4.4 质保

4.4.1 厂商提供的质保

4.4.2 公司提供的质保

4.5 用户培训

4.6 竣工文档

1 前言

本投标书是由××××工程有限公司（以下简称乙方）应甲方的邀请，根据甲方下发的招标文件具体要求以及建筑图纸对综合布线的规划所做的该大厦的综合布线系统设计方案，作为甲方进行方案论证与商务谈判的基础。

本方案设计所遵循的原则：

充分满足甲方功能上的需求。

结构和性能上都留足余量和升级空间。

遵循业界先进标准。

本着结构合理，高效低成本的原则。

用户使用上和管理上的灵活性。

本投标书包括综合布线系统客户需求分析、开放式布线系统方案设计、服务和附录四部分。方案设计一章中详细描述了该综合布线系统的总体结构和各子系统的设计细节，包括布线系统的需求分析、布线路由、器件选型、材料清单和系统检测等部分。服务中论述了工程的品质保证和我方所要提供的培训及工程文档等服务。附件中包括乙方资格证明文件的复印件、相关产品的性能材料和我方的项目参与人简历等。

主机房位置、各楼层机房和竖井的位置、PDS 线路的管槽铺设方法目前以招标文件所提供的图纸设计为依据。与电话局的责任分界等问题需几方进一步协调确认。与建筑承包方（或装修方）的配合协议等问题也将协同甲方进一步敲定。

本标书全部满足招标文件对布线系统的需求，并在综合考察几种布线产品的基础上提供了最佳的全方位的布线解决方案。

此方案的读者应仅限于甲方的大厦工程管理小组成员，请勿转借或出示给他人。

2 客户需求分析

2.1 客户需求分析——技术方面

2.1.1 建筑群功能及布线系统技术要求

本工程是位于××市开发区的×××××综合布线工程，建筑结构是由四周看台组成的综合性智能化体育场，其中有商务办公区域、记者报道区域、娱乐设施等，总建筑面积为 123 000 m^2。实现的是六类数据系统到桌面，千兆光纤为主干的高速数据应用和提供到位的语音布线服务。由于布线服务的对象是综合性智能化体育场，确保网络的稳定性和高性能运转，减少网络误码率和故障率，变得尤为重要。由于本工程规模较大，布线设计要提供灵活管理上的技术实现方法。

本布线系统满足如下的技术要求：

符合最新的国际标准 ISO/IEC 11801 六类布线标准，保证计算机网络的高速、可靠的信息传输要求，并具有高度灵活性、可靠性、综合性、易扩容性。

进行开放式布线，所有插座端口都支持数据通信、话音和图像传递，满足电视会议、多媒体等系统的需要；能满足灵活的应用要求，即任一信息点都能够方便地任意连接计算机或电话。

所有接插件都应是模块化的标准件，以方便将来有更大的发展时，很容易地将设备扩展进去。

能够支持千兆速率的数据传输，可支持以太网、高速以太网、令牌环网、ATM、FDDI、ISDN 等网络及应用。

本设计方案顺序遵循如下相关标准：

国家、行业及地方标准和规范

CECS 92：97	建筑与建筑群综合布线工程设计规范
CECS 89：97	建筑与建筑群综合布线工程施工及验收规范
YD/T926 1-2—1997	大楼通信综合布线系统行业标准
JGJ/T16—92	民用建筑电器设计规范
GBJ42—81	工业企业通信设计规范
GBJ79—85	工业企业通信接地设计规范

国际技术标准、规范：

ISO/IEC 11801：1995	建筑物综合布线规范
EIA/TIA—568A：1995	商务建筑物电信布线标准
EIA/TIA—569	商务建筑物电信布线路由标准
EIA/TIA—606	商务建筑物电信基础设施管理标准
EIA/TIA TSB67	商务建筑物电信布线测试标准
EIA/TIA TSB72	集中光纤布线指导原则

《Avaya SYSTIMAX SCS 结构化布线系统设计与工程》（9801）

2.1.2 实现此种功能的网络技术及所需的带宽

根据已有的网络系统设计，为实现上述功能，我们采用千兆位以太网解决方案（基于光纤），到桌面铜缆带宽大于 250Mb/s，同时能满足 550MHz 的模拟带宽语音应用，逻辑上总线的树状星型拓扑结构。

2.1.3 此种网络技术需要的介质

为实现此种网络技术，常见的介质是光纤、铜缆。光纤的特点是容量大、速率高、传输距离远、抗干扰性能好，但价格较贵，而且光纤网络设备也很贵，所以适用于做建筑群主干线缆和大型楼宇的垂直主干应用。

光纤是将电信号转换为光信号传输的优良传输介质，外界噪声（电磁波）对其不构成影响，同时信号不泄露，保密性能好。光纤分为单模光纤与多模光纤两种。单模传输距离远，需要激光做光源；多模传输距离较近，应用普通光源（Avaya多模光缆支持激光）。光缆的传输能力在国际上用模式带宽来表示，模式带宽与对光缆所提供的光源有直接关系。本工程选用多模光纤，在 850/1300NM 光源下，模式带宽为 200MHz×kb/s 支持的距离为 220 m，如用激光做光源，模式带宽变为550MHz×kb/s，支持距离可达 600 m。

六类铜缆技术上已经非常成熟，目前六类的标准已经通过。六类所规定的数据带宽为 250MHz。六类布线是真正意义上的万兆位应用。本工程选用的 Avaya Giga SPEED 六类电缆的传输速率要比可靠性最高的五类电缆快六倍。

2.1.4 客户的布线规模

考虑到甲方的具体应用，综合考虑了实际应用和未来升级的空间，我们设计体育场内主干容量为千兆 6 芯多模光纤（有一条作光纤备份）；语音大对数电缆楼内主干采用 25 对、50 对，并考虑到楼内主干按总信息点数量的一半冗余。本布线系统设计语音/数据信息点总计为 1 420 个，共有 24 个楼层配线间（FD），1 个主配线间（BD）。其中体育场内每层设置 6 个楼层配线间，具体位置在长方形体育场的四个拐角看台的弱电竖井内和东、西两边看台的弱电井内。中心机房设置在 1 层北侧看台下。各楼层配线间与中心机房通过光纤和大队数据电缆，经弱电井内的垂直通道相连接，各水平线缆接至相应的楼层配线间，满足水平布线不超过 90 m 的要求，同时完全遵循甲方对布线的总体规划和标书对布线规模的要求。

2.1.5 客户的土建进度

客户的土建和装修进度将直接影响和制约本布线工程进度，因此施工方在现场允许的条件下会全力推进工程进度。

布线工程施工方将与工程土建方就交叉作业的一些细则签署配合协议，并请建设方协调可能出现的问题和监督执行协议。

2.2 设备制造商介绍

2.2.1 美国 Avaya 公司及朗讯科技公司介绍

美国朗讯科技（Lucent Technologies）公司的前身为 AT&T 通信系统与科技业务部，是 1995 年 9 月 AT&T 宣布的战略性改组计划中分离出的全球性独立上市公司，由原 AT&T 的网络系统部、商业通信系统部、微电子部、用户产品部、多媒体信息部及贝尔实验室（Bell Labs）组成今天的朗讯科技公司。

朗讯科技的总部设在目前贝尔实验室的大本营：美国新泽西州茉莉山市（Murray Hill），其在通信产品及软件方面是世界上技术领先的设计商、开发商和制造商。目前其子公司及分销商遍布全球 90 多个国家和地区，贝尔实验室在 14 个国家设有分部。公司资产为 200 亿美元，1998 年营业额为 302 亿美元，雇佣员工 135 000 名，并由《幸福》杂志（Forture）选为全球排名前 40 名的世界级公司，并被美国硅谷杂志评为 1998 年最佳上市科技公司。

朗讯科技（中国）有限公司目前分别在北京、上海、广州、成都、武汉、沈阳及香港设有办事处，并在中国建立了七家合资及独资企业，分别是北京朗讯科技光缆有限公司、上海朗讯科技通信设备有限公司、青岛朗讯科技通信设备有限公司等，目前朗讯科技在华员工共有约 3 000 人，并在北京、上海设立了贝尔实验室（Bell Labs）中国分部。

朗讯科技是综合布线系统的发明者和倡导者，1983 年朗讯科技贝尔实验室第一个推出综合布线系统概念；并于 1985 年首先推出 SYSTIMAX SCS 端对端结构化布线系统；1990 年首创享有专利的 1061/2061 高性能 UTP 双绞线线缆，并成为五类线缆的标准；1993 年首次推出 High-5 系统支持 100 Mb/s 的 TP-PMD 应用的布线系统；1994 年 5 月首先实现超五类线缆传输 622 Mb/s ATM 应用；1996 年初首先推出支持 622 Mb/s ATM 应用的 PowerSum 端对端产品系列；1997 年首家推出支持千兆比以太网和 1.2 Gb/sATM 应用端对端的千兆比布线解决方案——GigaSPEEDTM 产品系列，再加上其无线网络连接系统 WaveLAN，成为当今世界唯一一家提供"结构化网联解决方案"的布线厂家，至今在中国完成了众多的千兆比布线系统工程。

朗讯科技于 1992 年第一个将综合布线系统引入中国，在市场推广过程中始终同中国的邮电部、建设部、信息产业部及各大设计院保持着密切的往来与合作，协助各大部委先后制定出《民用建筑电气设计规范详解手册》、《北京市建筑综合布线系统设计规范》及《中华人民共和国通信行业标准》等，为中国的智能楼宇的标准化、信息化、宽带化、数字化作出了自己不懈的努力！

朗讯科技综合布线系统由于技术领先、质量可靠及服务周到，深受广大客户信赖和支持。朗讯科技综合布线系统在全球拥有超过 50% 的市场占有率，其不但拥有如杜邦（Dupont）、惠普（Hewlett-Packard）、英国航空（British Airways）、纽约证券交易所（NY Stock-Exchange）、宝洁（P&G）、摩托罗拉（Motorola）、飞利浦（Philips）等一系列国际客户，而且还拥有如中华人民共和国外交部、邮电部、民政部、原铁道部、交通部、中央电视台、北京电信局、上海证券大厦、深圳证券交易所、深圳电力局、厦门机场、福州机场等国内一系列重点用户及千兆比布线国内用户。

Avaya 公司简介：

全新的 Avaya 公司是一家 2000 年 10 月正式从朗讯科技（Lucent Technologies）企业网络集团拆分出来，专注于企业网络通信及 Internet 全面解决方案且独立上市的高科技公司，其产品现正服务于超过 90%的财富 500 强企业的网络系统，公司总部设于美国新泽西州。Avaya 公司在全球 90 多个国家及地区设有分公司及办事处，员工超过 3 万人，1999 年销售收入超过 80 亿美元。其旗舰产品线包括全球领先的呼叫中心系统 CentreVu，语音信箱系统 Intuity，语音交换系统 Definity，数据网络系统 CajunCumpus，无线网络系统 CajunWave，CRM，桌面视像会议系统 iComs，融合网络系统 Eclips 及综合布线系统 SYSTIMAX 等，其中多数产品线全球技术领先及市场占有率第一。

2.2.2 贝尔实验室（Bell Labs）简介

贝尔实验室（Bell Labs）以其被喻为"世界科技的摇篮"而闻名于世，其突出的业绩包括发明了电话、晶体管、激光、太阳能电池、通信卫星、移动电话、数字程控交换机、立体声录音及结构化布线系统……贝尔实验室至今已获 26 000 项专利，自 1925 年至今平均每个工作日都有一项专利发明，至今已获 9 项诺贝尔奖，5 人获美国国家科学奖。

朗讯科技辖下的贝尔实验室（Bell Labs），在通信领域里更是占有领导性的地位，是世界最大的 R&D（科学研究及开发）基地，有超百年历史，堪称"通信科技的摇篮"，其每年研究费超过 20 亿美元，占朗讯科技年总收入近 11%，实验室的研究与开发人员超过 24 000 人，他们共同的努力使其在通信领域的科研与开发一直处于世界领先的地位。贝尔实验室在世界 14 个国家设有分部。

1997 年，朗讯科技和贝尔实验室（Bell Labs）分别在北京和上海设立了分支机构。此外，贝尔实验室与上海交通大学的通信与网络联合实验室亦刚刚成立，这是贝尔实验室在中国的第一所联合实验室。同年在新加坡成立了智能大厦综合布线系统与自控系统测试研究中心。

朗讯科技贝尔实验室（Bell Labs）对科技开发和交流的努力，更得到当时中国国家主席江泽民的认同。1997 年 10 月 31 日，江泽民率领中国经贸官员，莅临美国新泽西州茉莉山的贝尔实验室总部进行参观。江泽民在朗讯科技公司最高层职员的热烈欢迎下，参观了多个高科技项目，在一个多小时的参观后，江泽民在贝尔实验室大堂即席挥毫，为朗讯科技题字留念。写道"开辟高科技合作的新天地"，高度赞扬了贝尔实验室的通信科技和与中国的技术合作交流。

贝尔实验室（Bell Labs）部分创新发明：

1920 年高保真度和立体声	1970 年包括 C 语言的计算机语言
1926 年有声电影	1970 年微处理器（CPU）
1927 年实况电视广播	1972 年分组交换技术（X.25）
1938 年存储转发交换系统	1977 年随机存取存储（RAM）器件
1947 年晶体管	1984 年兆位存储芯片（G\ROM）
1954 年太阳能电池	1986 年综合数字业务网络（ISDN）试用
1956 年跨太平洋电话电缆	1988 年第一根跨大西洋光导纤维电缆
1958 年激光器（Laser）	1990 年数字高清晰度电视（HDTV）
1960 年数字交换系统	1992 年 IC 智能卡
1960 年光波通信系统	1992 年容错软件
1962 年"Telstar 1"通信卫星	1993 年光放大器
1962 年第一个数字传输和交换系统	1995 年兆兆赫图像系统
1970 年 UNIXTM 软件	1996 年兆兆位光波传输（DWDM/400G）

2.3 SYSTIMAX GigaSPEED 千兆网络布线解决方案

本综合布线系统工程设计选用了朗讯科技（Avaya Technologies）于 1997 年 9 月推出的端对端 SYSTIMAX GigaSPEEDTM 千兆网络布线解决方案：

典型的 GigaSPEED 配置是水平系统 6 类 UTP 铜缆与垂直主干的及建筑群子系统 SYSTIMAX 光纤的组合。

它是自 5 类电缆以后朗讯的又一贡献，其带宽和传输速率远远超过 5 类电缆的指标，保障的信道性能高达 250MHz。

支持从 10BASE-T、100BASE-T 到 1.0G 和 1.25G 的网络应用。

具有 14 项世界专利。

它的向后兼容性可以使网络进行逐步升级换代，减少了对培训的要求。

电缆传输性能和各部件之间的精确匹配使得该系统实现了原来被认为是双绞线无法达到的性能，可以为高宽带应用程序提供完全的端到端布线解决方案。

实施中不需要特殊的工具和安装程序。因此用它来建设和扩展网络相对容易和简单。端对端 SYSTIMAX GigaSPEEDTM 产品系列，以更科学、更优越、更精密的线对平行传输和阻抗更匹配技术，使其 UTP 布线系统端对端（Point-to-Point）信道的全程衰减值，近端串音衰耗，衰减串音比（ACR），抗电磁干扰 EMI 等指标，都大大超过 TIA/EIA 568—A，ISO/IEC 11801 国际标准及 PowerSum 系统。其独有的接插头"四角"端接匹配设计及其 14 项专利发明，使其能在更恶劣的安装环境下依然保持 1.2 Gb/s 信道传输性能，多项的性能测试表明 GigaSPEEDTM

系统不仅在全程衰减值、NEXT 等性能指标上远远超过其他布线系统，而且在实际应用中 EMC 等各项指标亦超越 FTP 等电缆系统。

端对端 GigaSPEEDTM 系统具有如下显著特点：

（1）线对串扰一直是数字信号传输的最重要的破坏源，而用 PowerSum 的计算方式比传统的线对（Pair- to-Pair）的 NEXT 性能测试值更准确严格，经证实，朗讯科技 GigaSPEEDTM 产品系列有卓越的 NEXT 性能表现，其比五类布线全程衰减值减小 10%，NEXT 值减小 77%，信道在 70 MHz 时 ACR 值高达 25 dB，而当 ACR 值降至 10 dB 时对应的频率为 149 MHz，并且有最佳的 SRL 值，因此其具有更强的抗干扰能力及最佳的信道传输能力。

（2）GigaSPEEDTM 系列产品是一整套端到端的系统解决方案，其中包括 110 型及 PatchMax 六类配线架，六类 UTP 线缆，D8CM 和 110 六类快速跳线，MGS300 信息插座等 Bell Labs 最新的技术创新，能使系统端对端总体 SRL 性能及阻抗匹配获得最佳效果。

（3）由于在抗串扰、平衡传输及阻抗匹配等技术方面获得重大突破，朗讯科技 SYSTIMAX GigaSPEEDTM 系列能将传统的五类系统性能提高 2 倍，例如，由 Avaya 的 GigaSPEEDTM 产品安装的系统在 100MHz 作端对端测试时 ACR（信噪比）值超过 25 dB，而其他厂家在广告上宣称的超五类线缆产品在 100 MHz 测试时 ACR 值也仅为 16 dB。

（4）由于具有极佳的 ACR 及 NEXT 性能指标值，GigaSPEEDTM 产品能支持发展中的网络并行传输方式，从而使在布线系统上传输高达 1 000 Base-T 以太网及 1.2 Gbps ATM 系统应用，而且经性能测试，GigaSPEEDTM 材料还可提供 550 MHz 的模拟宽带视频应用，而其他厂家的超五类产品只可达到仅为 350 MHz 的应用水平。

（5）可实现最新的区域布线模式（Zone -Wiring），并且在 100 m 范围内无跳线长度限制。

（6）由于 GigaSPEEDTM 的高性能指标，其允许在单根 8 芯线缆内同时共享两个高速数据传输，使系统实现真正高性能的灵活性及可扩展性。

（7）GigaSPEEDTM 千兆比布线系统同时还提供 2071 阻燃系列及 3071、3051 低烟零卤素系列电缆，使其产品系列更齐全。且所有的产品与 PowerSum 系统组件完全兼容，用户投资保护更完善。

（8）其 MGS400 高性能信息模块系列更具有 90°（垂直）及 45°（斜角）两种安装方式。

2.4 GigaSPEED 端到端信道组成产品介绍

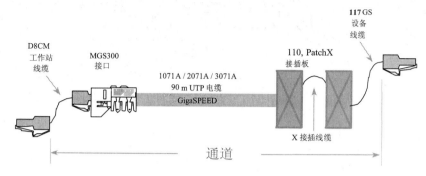

图 22-1 GigaSPEED 端到端信道

3 开放式布线系统设计

3.1 建筑群/建筑物的具体情况

3.1.1 建筑群/建筑物的大小、几何形状

根据图纸，我们知道，体育场为规则的长方形结构，面积为 127.7 m×136.9 m。具体细节参见各层图纸，分为地上 1~6 层，其中综合布线只要求完成 1~4 层。

3.1.2 建筑物内部主干布线路由

本体育场的四个拐角看台和东、西两边的看台均设有弱电竖井，各弱电竖井贯通各层，上下汇集布线电缆。各层有连通本层和其他楼层配线间的综合布线桥架和线槽。

3.1.3 建筑物配线间位置、结构

楼层配线间设计的基本原则为在体育场每层的四个拐角看台和东、西两个看台的弱电井内设置本区域的楼层配线间 FD，部分楼层无弱电井时，可考虑其他房间（如储藏室等）。

本体育场内数据主配线间与语音主配线间共用，大楼的外线引入电话线及专用的线路，如 ISDN，也最终卡接在我们提供的语音机柜内，同时还要考虑电源、接地、照明、防水、防尘等对计算机机房的基本要求。

3.1.4 水平布线路由

水平布线插座部分一般距地 30 cm 摆放，最终通过水平垂直段线槽（管）、走廊主线槽等汇至相邻的 FD。基本的水平布线走线方式有暗敷和明设两种。参看下面的水平布线示意图。

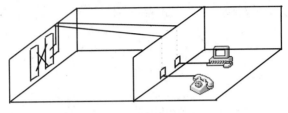

图 22-2　水平子系统示意

3.2 综合布线系统图

本工程共有 1 420 个语音/数据信息点，分布于 1～4 层体育场建筑内。本布线系统设计选用 Avaya 六类布线系统解决方案。整个布线系统选用星型结构，自插座至楼层配线架（少部分直接汇至主配线间），最后通过数据/语音主干线缆统一连接至数据和语音机房，以便于集中式管理。下图中的 FD 表示各个楼层配线间，BD 表示主配线间，并附相应的管理编号。以后的器件搭配过程也是基于这种结构和对布线元素的命名。

其总体布局逻辑结构示意图如下：

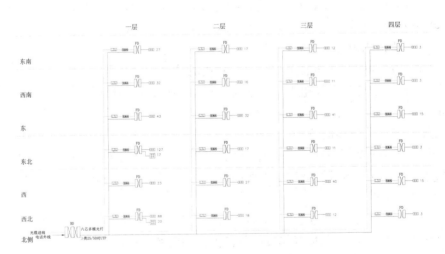

图 22-3　天津泰达足球场综合布线系统

3.3 工作区布线

工作区布线仅指工作区的跳线与机器连通的网卡，还有一些可能遇到的平衡设备，如 RJ45-TO-RS232 等。由于其器件的不稳定性，在综合布线标准中一般不列入讨论范围。我方在此强调一点：

用于计算机点的跳线有两种，即一种为 Avaya 提供的成品跳线，此种跳线为采用特殊工艺一次加工完成，跳线的每一芯由若干根细如毛发的铜丝组成，质地极其柔软，不会折损，长期使用不会影响数据的可靠传输。我们建议采用此种跳线。另一种为使用专门的工具自制的跳线，采用此种跳线成本略低，但为保证系统的绝对可靠，我们不推荐使用此种跳线，尤其是针对于六类系统。

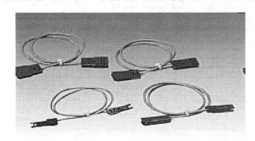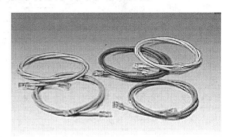

图 22-4　种类繁多的 Avaya 跳线

3.4 水平布线

3.4.1 水平布线路由

本工程水平布线路由可详见深化设计后的布线施工平面图，其中详细标明了水平管槽的铺设方式、走向及尺寸。

一般地，水平电缆自插座（距地面通常为 30 cm）走墙内预埋管，至吊顶出房间汇至走廊水平线槽，最后达至楼层配线间。

走廊的吊顶上应安装有金属线槽，进入房间时，从线槽引出金属管，以埋入方式沿墙壁而下（或上）到各个信息点。

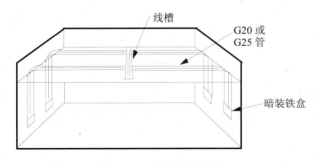

图 22-5　水平布线路由

3.4.2 水平布线设计

图22-6是水平部分电缆沿公共的水平线槽分支到工作区各个插座的针对本工程的直观示意图。

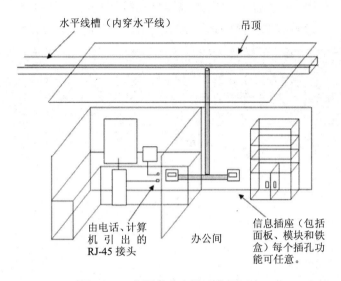

图 22-6 水平部分电缆工作区示意

RJ-45 埋入式信息插座与其旁边电源插座应保持 20 cm 的距离，信息插座和电源插座的低边沿线距地板水平面 30 cm，如图 22-7 所示。

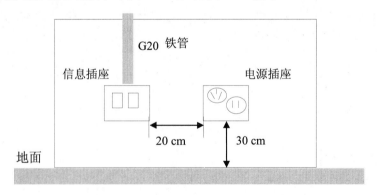

图 22-7 信息插座与电源插座的低边沿距地板示意

3.4.3 水平布线器件

水平布线规模及器件选型

信息点设计说明：由于本体育场为综合性智能化体育场，其中有商务办公区域、记者报道区域、娱乐设施和出租商店等。因此，根据招标文件有关信息点设置的要求，并同时结合平面图纸的具体点位，现将信息点统计如下。

表 22-3　Avaya 综合布线信息点统计

楼层	配线间	位置	双孔面板	四孔面板	信息点合计
1层	FD01	西北角	88	20	256
	FD02	西部	23	0	46
	FD03	东北角	127	17	322
	FD04	东部	43	0	86
	FD05	西南角	32	0	64
	FD06	东南角	27	0	54
2层	FD07	西北角	18	0	36
	FD08	西部	27	0	54
	FD09	东北角	17	0	34
	FD10	东部	32	0	64
	FD11	西南角	16	0	32
	FD12	东南角	17	0	34
3层	FD13	西北角	12	0	24
	FD14	西部	40	0	80
	FD15	东北角	11	0	22
	FD16	东部	41	0	82
	FD17	西南角	11	0	22
	FD18	东南角	12	0	24
4层	FD19	西北角	3	0	6
	FD20	西部	15	0	30
	FD21	东北角	3	0	6
	FD22	东部	15	0	30
	FD23	西南角	3	0	6
	FD24	东南角	3	0	6
1层	BD	北部	0	0	0
合计			636	37	1 420

注：招标文件有关综合布线信息点要求按 1 700 点设计，但实际设计平面图纸中统计只有 1 420 个信息点，因此相差的 280 个点按为其他系统预留点设计，不在此综合布线设计范围，同时单独给出报价。

本工程外网水平布线系统选用的器件说明如下：

插座模块：选用 MGS400，Avaya 最新 6 类千兆模块，该种模块与固定的 GigaSPEED 线缆配合时，有极好的电气性能，可以灵巧、吻合地连接至任何 M 系列模块化插座、支架或表面安装盒中。语音与数据点均选用此类模块，便于将来二者灵活调节换用和扩展。

插座面板：Avaya 国产面板，白色，86×86，单、双孔，墙上型安装，适配国产 86×86 暗盒。

水平线缆：数据和语音水平线缆全部选用 SYSTIMAX GigaSPEED 六类线缆 3071004，支持高宽带应用，包括 1 Gb/s 千兆位以太网、2.4 Gb/s ATM 及高达 550 MHz 的模拟宽带语音应用，数据传输速率要比可靠性最高的五类电缆快 6 倍，向后兼容 5 类产品，有良好的工艺设计，使其安装快捷简易。

配线架：配线间数据和语音配线架均选用 24 口的 PACHMAX GigaSPEED 配线架 PM-GS3-24，它以精巧的模块化设计，确保其性能可靠、兼容性及快捷简易的安装，更便于灵活跳接和管理。

工作区跳线：选用 Avaya　RJ45-RJ45 跳线 D8CM-7FT，7 英尺，支持千兆应用。线缆数量按甲方要求进行配置。

具体各个水平布线器件型号可详见后面的器件总清单。

本工程设计水平布线部分的器件清单如下：

表 22-4　Avaya 综合布线水平部分的器件清单

配线间设置	管理信息点数	信息模块	最长	最短	水平线缆长度	24 口模块化配线架
FD01	256	256	90	20	17 792	14
FD02	46	46	80	20	2 944	3
FD03	322	322	90	20	22 379	18
FD04	86	86	80	20	5 504	5
FD05	64	64	88	20	4 377.6	4
FD06	54	54	88	20	3 693.6	3
FD07	36	36	90	20	2 502	2
FD08	54	54	80	20	3 456	3
FD09	34	34	90	20	2 363	2
FD10	64	64	80	20	4 096	4
FD11	32	32	88	20	2 188.8	2
FD12	34	34	88	20	2 325.6	2
FD13	24	24	90	20	1 668	2
FD14	80	80	80	20	5 120	5
FD15	22	22	90	20	1 529	2
FD16	82	82	80	20	5 248	5

配线间设置	管理信息点数	信息模块	最长	最短	水平线缆长度	24 口模块化配线架
FD17	22	22	88	20	1 504.8	2
FD18	24	24	88	20	1 641.6	2
FD19	6	6	90	20	417	1
FD20	30	30	80	20	1 920	2
FD21	6	6	90	20	417	1
FD22	30	30	80	20	1 920	2
FD23	6	6	88	20	410.4	1
FD24	6	6	88	20	410.4	1
BD	0	0	0	0	0	0
合计	1 420	1 420	—	—	95 827.8	88

注：水平 UTP 线缆距离按（最长+最短）/2×1.1+9 估算。水平语音和数据配线架均按模块化配线架设计，并留有 30%的余量。

3.5 主干布线

3.5.1 主干布线路由

本工程楼内数据主干为 6 芯多模 62.5/125 室内光缆；语音主干 3 类 25 对、50对大对数线缆，整个建筑物间的主干线缆在每层由贯通的桥架相连，经各个弱电竖井至各楼层配线间 FD，再经竖井内垂直预设桥架，最后汇至主配线间 BD，楼内主干在竖井桥架里走线并良好绑扎。

3.5.2 主干布线设计

竖井中应立有金属线槽，且每隔两米焊一根粗钢筋，以安装和固定垂直子系统的电缆。竖井中的线槽应和各层配线室之间由金属线槽连通。

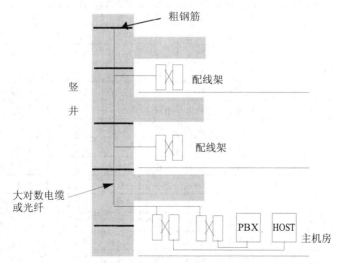

图 22-8　干线区子系统示意

3.5.3 主干布线器件

主干布线容量及器件选型：

本工程布线数据主干主要选用 Avaya 6 芯多模 62.5/125 室内光缆，型号是 ABC-006D-LRX，对应在楼层配线间、主配线间中使用 Avaya 12/24 口架装光纤配线架 LIU600A2 端接，光纤连接选用 Avaya 的多模 ST 耦合器 C2000-A-2 和多模 ST 连接器 P2020C-C-125，平均损耗为 0.3 dB。以上配置支持千兆应用。

另外考虑到各楼层配线间与主配线间应作必要的数据传输备份，所以本方案在满足光纤主干容量的要求下留 1 根光纤作为主干备份。以确保网络运行的可靠。

本工程外网布线语音主干主要选用 Avaya 3 类 25 对、50 对线缆，该线缆对语音应用有着良好支持，并可保证主干容量为总信息点数量的一半的冗余要求，满足系统对裕量的要求。

具体各个主干布线器件型号可详见后面的器件总清单。

本工程设计主干布线部分的器件如下：

表 22-5　Avaya 综合布线楼内主干部分器件清单

配线间设置	语音 3 类 25 对大对数线缆	语音 3 类 50 对大对数线缆	6 芯多模光纤	至中心机房距离	6 芯多模光纤长度	语音 25 对主干长度	语音 50 对主干长度	12/24 口光纤配线架	ST 多模光纤接头	ST 耦合器数量	单模双芯光纤跳线数量	1 对语音配线架
FD01	0	3	5	99.2	496	0	297.6	1 1/4	30	30	4	1 1/2
FD02	1	0	2	198.4	396.8	198.4	0	1/2	12	12	1	1/4
FD03	0	4	6	148.8	892.8	0	595.2	1 1/2	36	36	5	2
FD04	0	1	3	241.8	725.4	0	241.8	3/4	18	18	2	1/2
FD05	0	1	2	285.2	570.4	0	285.2	1/2	12	12	1	1/2
FD06	0	1	2	328.6	657.2	0	328.6	1/2	12	12	1	1/2
FD07	1	0	2	104.2	208.4	104.2	0	1/2	12	12	1	1/4
FD08	0	1	2	203.4	406.8	0	203.4	1/2	12	12	1	1/2
FD09	1	0	2	153.8	307.6	153.8	0	1/2	12	12	1	1/4
FD10	0	1	2	246.8	493.6	0	246.8	1/2	12	12	1	1/2
FD11			2	290.2	580.4	290.2	0	1/2	12	12	1	1/4
FD12	1	0	2	333.6	667.2	333.6	0	1/2	12	12	1	1/4
FD13	1	0	2	109.2	218.4	109.2	0	1/2	12	12	1	1/4
FD14	0	1	3	208.4	625.2	0	208.4	3/4	18	18	2	1/2
FD15	1	0	2	158.8	317.6	158.8	0	1/2	12	12	1	1/4
FD16	0	1	3	251.8	755.4	0	251.8	3/4	18	18	2	1/2

配线间设置	语音3类25对大对数线缆	语音3类50对大对数线缆	6芯多模光纤	至中心机房距离	6芯多模光纤长度	语音25对主干长度	语音50对主干长度	12/24口光纤配线架	ST多模光纤接头	ST耦合器数量	单模双芯光纤跳线数量	1对语音配线架
FD17	1	0	2	295.2	590.4	295.2	0	1/2	12	12	1	1/4
FD18	1	0	2	338.6	677.2	338.6	0	1/2	12	12	1	1/4
FD19	1	0	2	114.2	228.4	114.2	0	1/2	12	12	1	1/4
FD20	1	0	2	213.4	426.8	213.4	0	1/2	12	12	1	1/4
FD21	1	0	2	163.8	327.6	163.8	0	1/2	12	12	1	1/4
FD22	1	0	2	256.8	513.6	256.8	0	1/2	12	12	1	1/4
FD23	1	0	2	300.2	600.4	300.2	0	1/2	12	12	1	1/4
FD24	1	0	2	343.6	687.2	343.6	0	1/2	12	12	1	1/4
BD	15	14	58	0	0	0	0	14 1/2	348	348	34	10 3/4
合计	—		—	—	12371	3374	2659	配线间合计	696	696	68	配线间合计

注：数据主干采用多模 6 芯室内光纤，层高按 5 m。语音主干采用 3 类 25 对、50 对大对数电缆。

3.6　配线间

3.6.1　线缆路由

各配线间线缆一般可从主干线槽经过防静电地板进入相应机柜，在完成分组、上架、理线、绑扎后进行最后的线缆卡接，具体情况应根据现场施工要求灵活处理，但总体须保证线缆的安全和理线的整齐美观。

为了保持配线间的布局美观，引进的配线间垂直主干线槽应紧贴墙面，切忌矗立于房屋中间。要求施工时，处理好线槽入口处的切角，既不能成直角，也不可探出墙面。

3.6.2　配线间器件清单

配线间就是一个管理子系统，它把水平子系统和垂直干线子系统连在一起或把垂直主干和设备子系统连在一起。通过它可以改变布线系统各子系统之间的连接关系，从而管理网络通信线路。

我们设计楼内主干容量为千兆 6 芯多模光纤（一条或多条），在中心机房对各分配线间的数据光纤作备份；语音大对数电缆楼内主干采用 25 对、50 对，并考虑到楼内主干为总信息点数量的 50%的冗余。本布线系统设计语音/数据信息点总计为 1 420 个，共有 24 个楼层配线间（FD），1 个主配线间（BD）。在体育场内每层设置 6 个楼层配线间，具体位置在长方形体育场的四个拐角看台的弱电竖井内和东、西两边看台的弱电井内。中心机房设置在 1 层北侧看台下。

在配线间，配线架器件安装在落地式的机柜中，机柜置于高架地板上。到配线架来的电缆应从吊顶上通过线槽从上方进入机柜。

配线间大部分器件实际上已经在"水平布线"和"主干布线"两节中描述，这里又多加了一些布线管理器件，如背板、机柜等，从而可以直观地了解、检查配线间里的布线情况。本节说明了实际使用的端接器件的最终统计数目。

配线间的设备工作跳线选用了 GigaSPEED 跳线 D8CM，支持高速数据传输，性能卓越，稳定可靠。

下面分别列出了各配线间的器件清单：

表 22-6　Avaya 综合布线配线间部分器件清单

配线间设置	4 口数据配线架合计	10 语音配线架合计	10 语音配线架背板	12/24 口光纤配线架合计	ST 多模光纤接头	SST 耦合器数量	多模双芯光纤跳线数量	数据跳线数量	1 m 机柜数量	2 m 机柜数量
FD01	14	2	1	2	30	30	4	86	0	2
FD02	3	1	1	1	12	12	1	16	0	1
FD03	8	2	1	2	6	36	5	108	0	2
FD04	5	1	1	1	18	18	2	29	0	1
FD05	4	1	1	1	2	12	1	22	0	1
FD06	3	1	1	1	2	12	1	18	0	1
FD07	2	1	1	1	2	12	1	12	0	1
FD08	3	1	1	1	2	12	1	18	0	1
FD09	2	1	1	1	2	12	1	12	0	1
FD10	4	1	1	1	2	12	1	22	0	1
FD11	2	1	1	1	12	12	1	11	0	1
FD12	2	1	1	1	2	12	1	12	0	1
FD13	2	1	1	1	2	12	1	8	0	1
FD14	5	1	1	1	8	18	2	27	0	1
FD15	2	1	1	1	2	12	1	8	0	1
FD16	5	1	1	1	8	18	2	28	0	1
FD17	2	1	1	1	2	2	1	8	1	1
FD18	2	1	1	1	2	2	1	8	1	1
FD19	1	1	1	1	12	2	1	2	1	0

配线间设置	4 口数据配线架合计	10 语音配线架合计	10 语音配线架背板	12/24 口光纤配线架合计	ST 多模光纤接头	SST 耦合器数量	多模双芯光纤跳线数量	数据跳线数量	1 m 机柜数量	2 m 机柜数量
FD20	2	1	1	1	2	2	1	10	1	0
FD21	1	1	1	1	2	2	1	2	1	0
FD22	2	1	1	1	2	2	1	10	1	0
FD23	1	1	1	1	2	2	1	2	1	0
FD24	1	1	1	1	2	2	1	2	1	0
BD	0	11	6	5	48	48	34	0	1	0
总计	88	37	0	1	96	96	68	481	9	20

注：数据跳线按信息点总量的 1/3 配置。

3.6.3 配线架打接表

配线架打接表直接提供了各个配线间之配线架的线缆打接顺序，是工程施工安装和竣工维护必备文档，非常重要。一方面能指导正常的施工，协调任务分配，另一方面能作为最终核对器件搭配是否合理的重要依据和日后管理维护的参考。

3.6.4 照明

按有关设计要求，配线间室内照明不低于 150 lx。强电总体设计时机房应有设计院特别考虑。

3.6.5 接地

配线间接地要求如下：

提供合适的接地端，机架/机柜应用直径 4 mm×4 mm 的铜线连接至接地端；

单独接地电阻不大于 4 Ω，联合接地电阻不大于 1 Ω。

3.7 设备间

各层设备间及配线间是整个布线系统的中心，它的布放、选型及环境条件的考虑是否恰当都直接影响到将来信息系统的正常运行及维护和使用的灵活性。

设备间的环境条件如下：

室内照明不低于 150 lx。

温度保持在 18～27℃。

湿度保持在 30%～50%。

通风良好，清洁。

室内应提供 UPS 电源配电盘以保证网络设备运行及维护的供电。

每个电源插座的容量不小于 3 000W。

设备间应安装符合法规要求的消防系统。耐火等级应符合现行国家标准《高层民用建筑防火规范》、《建筑设计防火规范》及《计算站场地安全要求》的规定。

设备间的室内装修、空调设备系统和电气照明等安装应在装机前进行。设备间内的装修应满足工艺要求，经济适用。若根据设备、环境要求需设活动地板时，活动地板应作防静电处理。

应尽量靠近服务电梯，以便装运笨重设备。

应尽量远离有害气体源以及存放腐蚀、易燃、易爆炸物处。

设备间应远离强震源、强噪声源，避开强磁场的干扰。

为了便于网络设备的跳接管理及维护，本布线工程设计建议设备间与配线间设置同一处。

3.8 布线管理

本布线工程信息点按以下规则统一标号，如：

一层数据点是 1CXX（C=Computer）。

一层语音点是 1PXX（P=Phone）。

一层数据主干是 1CBXX（B=Backbone）。

一层语音主干是 1PBXX（B=Backbone）。

各信息点标号与相对应的配线架卡接位置标号相同，特殊标号另行注明。

标签颜色统一使用白底黑字宋体。

另外所有电缆在距末端 10～20 cm 处，我方将进行永久性色码标记。

3.9 系统性能指标和测试方法

3.9.1 概述

施工完成后，我们对系统进行两种测试：

线路测试：采用专用的六类电缆测试仪对标准所规定的布线系统的各项技术指标进行测试，包括所有信息点的接线图、长度、串扰、衰减量等指标。

联机测试：选取若干个工作站，进行实际的联网测试。

整个布线系统包括双绞线和光纤两种线路，每条链路我们都要用专用的测试仪测试。

3.9.2 标准

双绞线连接：根据 ISO 11801 国际标准。标准要求双绞线的六类测试要搭配相应厂商的适配模块。

光纤连接：根据 ISO 11801 国际标准 Optical Class 的要求制定。

3.9.3 被测线路的定义

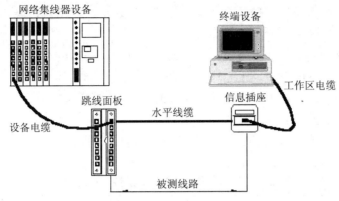

图 22-9 双绞线测线连接示意

3.9.4 测试指标

六类测试标准,我方将采用 TIA/EIA 所规定的 CAT6 指标或 ISO11801 CLASS E 指标,并且选用三级精度的测试专用仪器。

这一标准要求测试的指标包括:

表 22-7 测试项目及标准要求

测试项目	标准要求
接线图,Wire Map	
长度,Length	<100 m
阻抗,Characteristic impedance	100±15 Ω
近端串扰,Near-end crosstalk loss	×
衰减,Attenuation	×

衰减和近端串扰两项指标,按照标准要求,在 0～250 MHz 的频率区间内多次采样,标准要求的限值也不是一个常量,而是一个公式,在不同的频率点有不同的值。

测试仪内自动存储了各种标准的限值，它自动地逐项指标进行测试、比较，并报告结果。

鉴于当前超六类标准只是一个事实标准（草案），我们将执行最新测试的相应标准。

光纤线路的测试只要求测试一项结果——衰减，按照标准要求：

当距离为 500 m 以内，采用波长 1 300 nm 时，衰减量＜1.5 dB。

当距离为 500 m 以内，采用波长 850 nm 时，衰减量＜3.5 dB。

3.9.5 Avaya 产品的测试性能

表 22-8 给出的是 Avaya 产品的百米通道性能测试指标：

表 22-8　Avaya 产品的百米通道性能测试指标

频率/ MHz	插入损耗/ dB	线对间近端串扰/ dB	综合近端串扰/ dB	线对间等效远端串扰/dB	综合等效远端串扰/ dB	回波损耗/ dB	传播延迟/ ns	延迟偏差/ ns
1.0	2.1	72.7	70.3	63.3	60.3	19.0	580	30
4.0	4.0	63.0	60.5	51.2	48.2	19.0	562	30
8.0	5.7	58.2	55.6	45.2	42.2	19.0	557	30
10.0	6.3	56.6	54.0	43.3	40.3	19.0	555	30
16.0	8.0	53.2	50.6	39.2	36.2	18.0	553	30
20.0	9.0	51.6	49.0	37.2	34.2	17.5	552	30
25.0	10.1	50.0	47.3	35.3	32.3	17.0	551	30
31.25	11.4	48.4	45.7	33.4	30.4	16.5	550	30
62.5	16.5	43.4	40.6	27.3	24.3	14.0	549	30
100.0	21.3	39.9	37.1	23.3	20.3	12.0	548	30
200.0	31.5	34.8	31.9	17.2	14.2	9.0	547	30
250.0	35.9	33.1	30.2	15.3	12.3	8.0	546	30

表 22-9 给出的是 Avaya 产品的连接硬件的六类测试指标：

表 22-9 Avaya 产品的连接硬件的六类测试指标

频率/ MHz	插入损耗/ dB	线对间 近端串扰/ dB	综合 近端串扰/ dB	线对间等效 远端串扰/dB	综合等效 远端串扰/ dB	回波 损耗/ dB
1.0	0.02	94.0	90.0	83.1	80.1	30.0
4.0	0.04	82.0	78.0	71.1	68.1	30.0
8.0	0.06	75.9	71.9	65.0	62.1	30.0
10.0	0.06	74.0	70.0	63.1	60.1	30.0
16.0	0.08	69.9	65.9	59.0	56.0	30.0
20.0	0.09	68.0	64.0	57.1	54.1	30.0
25.0	0.10	66.0	62.0	55.1	52.2	30.0
31.25	0.11	64.1	60.1	53.2	50.2	30.0
62.5	0.16	58.1	54.1	47.2	44.2	28.1
100.0	0.20	54.0	50.0	43.1	40.1	24.0
200.0	0.28	48.0	44.0	37.1	34.1	18.0
250.0	0.32	46.0	42.0	35.1	32.2	16.0

表 22-10 给出的是 Avaya 产品的六类电缆在百米上的测试指标：

表 22-10 Avaya 产品的六类电缆在百米上的测试指标

频率/ MHz	插入损耗/ dB	线对间近 端串扰/ dB	综合近 端串扰/ dB	线对间等 效远端串 扰/dB	综合等效 远端串扰/ dB	回波 损耗/ dB	传播 延迟/ MHz	延迟 偏差/ dB
1.0	1.8	74.3	72.3	67.8	64.8	20.0	570	25
4.0	3.6	65.3	63.3	55.8	52.8	23.0	552	25
8.0	5.1	60.8	58.8	49.7	46.7	24.5	547	25
10.0	5.8	59.3	57.3	47.8	44.8	25.0	545	25
16.0	7.3	56.2	54.2	43.7	40.7	25.0	543	25
20.0	8.2	54.8	52.8	41.8	38.8	25.0	542	25
25.0	9.2	53.3	51.3	39.8	36.8	24.3	541	25
31.25	10.4	51.9	49.9	37.9	34.9	23.6	540	25
62.5	15.0	47.4	45.4	31.9	28.9	21.5	539	25
100.0	19.3	44.3	42.3	27.8	24.8	20.1	538	25
200.0	28.3	39.8	37.8	21.8	18.8	18.0	537	25
250.0	32.1	38.3	36.3	19.8	16.8	17.3	536	25

3.9.6 测试仪器

我公司采用 Fluke 公司的新型双绞线测试仪来测试双绞线线路。用 Fluke DSP 系列测试仪主机，外加 Fluke FTK 光纤测试工具包来测试光纤线路。

图 22-10　Fluke DSP-4300

3.9.7 测试仪器清单

表 22-11　测试仪器清单

序　号	型　号	用　途
1	Fluke DSP－SR 系列	智能型双绞线六类测试仪
2	Fluke FTK	光纤测试工具包

3.10 产品性能描述

3.10.1 信息插座

Avaya 国产面板，白色，86×86，单、双孔，墙上型安装，地上安装，适配国产 86×86 暗盒。

信息插座的安装方向应向下倾斜（30°～45°），以避免终端设备电缆过于弯曲而导致传输信号高频畸变所引起的传输信号失真现象的发生。

信息插座应配有明显的、可方便更换的、永久的标识，以区分电信插座的实际用途。

信息插座应带有永久性的防尘门。

信息插座的面板应为白色 86 型，采用 UV 耐腐蚀塑料，并保证可以同时安装 6 类和更高级别模块，方便以后升级。

3.10.2 1071 系列六类线缆

包括 1071（非阻燃式）和 2071（阻燃式），以及 3071（低烟零卤素）电缆，本方案选用 1071（非阻燃式）电缆。

优异的平衡性和串音衰减特性令此布线系统应用更广泛，包括诸如运行于 550 MHz 上，能支持 77 个有线电视频道。

所有电缆皆与 Avaya 公司的超五类 Power Sum 组件完全兼容。

SYSTIMAX 良好的工艺设计，使其安装快捷简易。

其通道性能超过目前市场上出现的大多带有十字隔离器的 Nordx/CDT 2 400 lx，Siemon，IBM，Panduit 等众多厂家新近推出的 CAT6 方案至少 2 dB。但由于 Avaya 公司的六类解决方案在全球首家推出，安装量最大，所以目前的价格很有竞争性。

物理特性：芯线规格 0.5 mm 24AWG；芯线对数：4 对。

电气特性：

EIA/TIA 标准：6 类；

最大平均直流电阻：9.4 Ω/100 m；

最大线对对地电容不平衡：5.6 nF/100 m（1 kHz）；

最大衰减：100.0 MHz　不大于 19.3 dB /100 m；

最小近端串音衰减：100.0 MHz　不小于 44.3 dB /100 m；

特性阻抗：100 Ω。

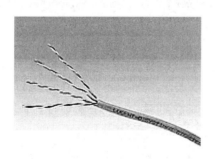

图 22-11　1071GigaSPEED 线缆

3.10.3 MGS400 信息模块系列

模块化的设计的 GigaSPEED 信息模块令其特别适合安装在通信标准机柜或信息插座接线盒内，设计特点包括：

与固定的 GigaSPEED 水平线缆配合时，有极好的电气特性。

灵巧、吻合地连接至 M 系列插座面板、桌面安装盒及 M1000 MULTIMAX 机柜式配线架上。

可选择 90°（垂直）或 45°（斜角）安装方式，且无须特别斜口面板的专利设计。

多种颜色选择，标签有助于快捷、准确及方便地安装。

新设计的后侧面盖板可防止脏污，确保连接完全可靠。

更宽的分线走道以便端按安装时更灵活、更方便。

信息插头为通用的 8-位模块化插头，触点有 50 微英寸的镀金。

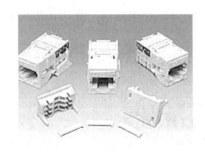

图 22-12　MGS400 信息模块

3.10.4 PATHCMAX　GigaSPEED 配线架 PM-GS

该配线硬件精巧的模块化设计，确保其性能超群，具有可靠性、兼容性以及安装快捷、简易等特点。

与 GigaSPEED 水平线缆配合时，有极好的电气特性。

有 24 口和 48 口安装板可选，并有配线模块（DMS），标准针式接线插口（T568A 或 T568B 方式）。

GigaSPEED 独特的旋转配线模块（DMS）设计，确保了快捷简易的安装及正面和背面的接入安装可选。

为简化管理而设计了内设跳线和电缆走线架、色码标签和图标。

3.10.5 110 型配线架——GigaSPEED 高密度配线架

久经考验，性能卓著，符合六类性能标准。

110 型配线架接线和终接连接块系统较 PATCHMAX 密集。

GS 可增加配线密度，并可灵活地接入各个线对和有效的对铜线主干电缆进行跳线。

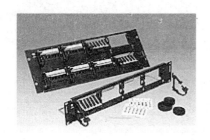
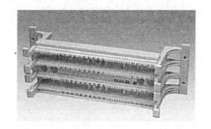

图 22-13　PATHCMAX GigaSPEED 配线架　　　　图 22-14　　110 型配线架

与 GigaSPEED 水平线缆配合时,有极好的电气特性。

支持多变的跳线环境的高比特率应用,且安全可靠。

简单、精巧、高密度的模块化设计。

3.10.6 高性能的跳线系列

SYSTIMAX GigaSPEED 跳线系列包括 110GS 快接式跳线、GS8E 终端跳线和 117GS、119GS 等系列跳线,适用于可靠的数据传输且多变动的环境要求。

经精心设计及过硬的生产流程,GigaSPEED 的各类快接跳线系列均有完美无缺的阻抗匹配性能,具有更小的反射信号及显著的传输性能改进。

衰减指标大大超出跳线性能要求。

新型 110 的模块与模块快接插头减少了终接的颤动,与 GigaSPEED 系统插拔配合时,都能性能卓越,稳定可靠。

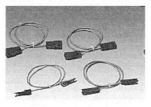
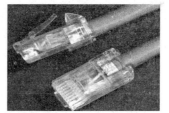

图 22-15　D8CM　　　　　　　图 22-16　　110P2CM

3.10.7 语音三类主干

物理特性:

芯线规格:0.5 mm 24AWG;芯线对数:25～100 对。

电气特性:

EIA/TIA 标准:3 类;

最大平均直流电阻:8.9 Ω/100 m;

最大线对对地电容不平衡:5.15nF/100 m(1kHz);

最大衰减：16.0MHz　不大于 13.1dB/100 m；

最小近端串音衰减：16.0MHz　不小于 25 dB；

特性阻抗：100 Ω。

图 22-17　3 类 25 对线缆 10100025AGY

3.10.8　室内光缆系列

ABC 光缆系列：为增强型建筑内光缆，有 1—72 芯选择及阻燃，非阻燃，低烟零卤型外皮可选。本方案选用 ABC-006D-LRX（非阻燃式）光缆。

传输性能：

最小带宽：大于 220MHz-km（850nm），550MHz-km（1 300nm）

最大衰减：小于 3.5dB/km（850nm），小于 1.5dB/km（1 300nm）

千兆支持的距离为 550 m。

物理特性：

光缆芯数：6 芯，每芯带有彩色编码缓冲；

纤芯：62.5 μm；包层：125 μm；外套：250 μm；缓冲：900 μm。

图 22-18　ABC-006-LRX 系列室内光纤

3.10.9　SYSTIMAX 光纤连接器

本方案选用的光纤连接器为多模 ST 连接器 P2020C-C-125。

光纤耦合器选用多模 ST 耦合器 C2000-A-2。

光学特性：

平均插入损耗：多模 0.3 dB、单模 0.2 dB；

 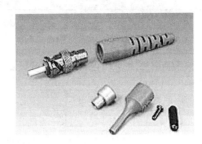

图 22-19　ST 连接器　　　　　　　图 22-20　耦合器

3.10.10　SYSTIMAX OptiSPEED 光纤配线架

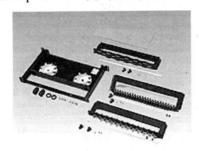

图 22-21　600A2 光纤配线架

3.11　器件总清单

表 22-12 列出了本工程设计所有器件的名称、型号、数量、单价等，共分插座、线缆、配线架、光纤、工具五部分，这是设计器件的最终汇总结果，但不含工程有关的施工和管理等费用。

表 22-12　Avaya 综合布线产品清单

序号	器件名称	产品型号	数量	单位	单价/元	合计
	面板及插座芯					
1	四孔 86 面板	86 型	37	个		
2	双孔 86 面板	86 型	636	个		
3	六类模块	MGS400BH-262	1420	个		
	电缆					
4	6 类电缆	1071004EWHR1000	315	箱		
5	3 类 25 对语音主干电缆	1010025AGY	12	轴		
6	3 类 50 对语音主干电缆	1010050AGY	9	轴		

序号	器件名称	产品型号	数量	单位	单价/元	合计
7	六类数据跳线	D8CM-7FT	481	条		
8	电话跳线	119P2CM-7	481	条		
	配线架及附件					
9	六类24口快捷式配线架	PM-GS3-24	88	个		
10	无腿配线架	110DW2-100	37	个		
11	110安装背板	110RD2-200-19	30	个		
12	110连接块	110C4	74	包		
13	110连接块	110C5	15	包		
14	110标签条	188UTI-50	13	包		
15	110过线槽	110B3	37	个		
	多模光纤					
16	6芯室内多模光纤	ABC-006D-LRX	12371	米		
17	多模ST连接器	P2020C-C-125	696	个		
18	多模ST耦合器	C2000-A-2	696	个		
19	机架式光纤配线架	LIU600A2	41	个		
20	24口ST耦合器面板	24 ST PANEL	41	个		
21	600A系列防尘盖	183U1（For 600A）	41	个		
22	600A系列支架	1U-19（For 600A）	41	个		
23	多模ST-SC双芯跳线	FL2EP-SC-10	68	条		
	工具及保护装置					
24	光纤续接耗材	D182038	1	套		
25	铜缆工具	788H1	1	把		
26	手柄	8762D	1	把		
27	刀头	AT8762D-88	1	个		
28	2m机柜	国产，19"标准机柜	20	个		
29	1m机柜	国产，19"标准机柜	9	个		
30	双孔86面板	86型	140	个		
31	六类模块	MGS400BH-262	280	个		
32	6类电缆	1071004EWHR1000	62	箱		

注：工作区语音跳线电话机自带，数据跳线的数量是按照一端30%的需求配置的，如果同时开通所有数据点，可随时添加。管槽部分的报价不含其中，确定意向后，在现场勘查或参阅详细图纸的基础上，应出专业的施工预算。

4　服务

4.1　预期工期

除不可抗力因素造成的工期拖延外，我方保证在工程正常合同期内完成此布线工程的施工。工程施工将随着甲方土建及装修进度进行，同时注意工程人员的合理调配，关键器件的及时准备和供应，以及工程施工组织的合理安排，确保工程的顺利进行。

4.2　库存及最短到货时间

我方作为 Avaya 产品的代理，拥有较充分的库存，临时调货也相对方便自由，一些关键器件如线缆、光纤、配线架、插座面板等目前随时有货，即使缺货，我方也可保证最短一周内到货。

我方在预期工期内，还有其他工程在同时推进；为此，我方采取以下措施保证工程如期进行：

成立固定的该项目管理小组，固定项目有关主要负责人；

合理调配施工队，进行穿插、流水施工，保证该工程各阶段正常施工进度；

提前备货，保证该工程施工用器件材料的及时供应；

加强与甲方的协商，及时接受甲方的监督和合理建议。

4.3　投入人力

我方将在工程施工中安排一个项目负责人、一个技术负责人、两个施工督导人员组成工程项目管理小组，同时在管槽铺设、穿线、安装测试三个重要施工阶段中组织不少于 10 人的专业施工队进行高效安全施工。

4.4　质保

4.4.1　厂商提供的质保

朗讯不仅对 SYSTIMAX SCS 布线系统的施工和设计人员均有相应的认证措施，其安装的产品与应用保证更高达 20 年，而 GigaSPEED 千兆布线系统的保证期更高达 20 年之久。

SYSTIMAX SCS 结构化网联解决方案的保证方案包括应用保证、链路/信道保证和延长的产品质保，延长的产品质保和应用保证期为 20 年，从登记的 SYSTIMAX SCS 安装之日起生效。

经 EMC Fribourg 瑞士实验室对几家屏蔽系统和 SYSTIMAX SCS 非屏蔽双绞线系统的辐射和抗干扰性的测试结果证明，唯有 SYSTIMAX SCS 非屏蔽双绞线系统通过了全部测试项目，完全满足 EMC 电磁兼容性要求。为此，SYSTIMAX SCS 提供 20 年 EMC 电磁兼容性系统保证。

Avaya Technologies 将保证 SYSTIMAX SCS PowerSum 产品组成的端对端的链路可达到 622Mb/s 的传输速率，此系统保证纳入 SYSTIMAX SCS 的产品质量保证及系统应用保证计划之中。在近期内，可通过在平衡传输方式上用 64 CAP 编码技术，在四对 UTP 上的每一对双绞线上传送 155Mb/s 来实现。

4.4.2 公司提供的质保

我方提供一年保证。除人为因素（机械损伤及不可抗力的自然灾害）外，在工程完工后一年内，我们将免费提供工程维修。

4.5 用户培训

培训地点：甲方现场。

培训时间：一周。

培训人员：甲方计算机及网络维护人员。

培训内容：布线系统概念，布线系统的结构、器件、文档，Avaya 器件、工具的使用，布线系统的维护、管理、故障诊断。

4.6 竣工文档

在竣工时，我们将向甲方提供如下文档：

（1）线路测试报告：这是由电缆测试仪生成的测试报告传到计算机中整理出来的。

（2）布线系统管理文档：此文档描述交付的布线系统的结构、所有各配线架的电缆标号图。

（3）布线系统竣工平面图：此图纸描述综合布线系统最终的线槽路线及信息点最终的分布状态、编号。

（4）布线系统用户手册：此文档讲解布线系统器件、工具、管理维护方法和故障诊断方法。

实训 23　综合布线系统的测试技术

一、实训目的及要求

掌握 5e 类和 6 类布线系统的测试标准,掌握简单网络链路测试仪的使用方法,掌握用 FLUKE 进行认证测试的和对光纤测试的方法。培养正确使用 FLUKE 进行 5e 类和 6 类布线系统的测试能力和提交符合要求测试的报告文档的能力。

二、实训器材

FLUKE 测试仪及智能远端、电池组、内存卡,两个永久链路适配器,两个通道适配器。

三、实训内容

这部分内容重点是掌握在布线系统施工的最后,对线缆进行电气性能测试的重要内容。熟悉常用的线缆测试仪器和各种测试模块的使用。使学生在熟练掌握测试设备的同时对数据的简单处理知识进一步的巩固。

知识准备

1．电缆系统包括:插座,插头,用户电缆,跳线和配线架等。

2．UTP 链路标准。

(1)定义测试参数和测试限的数值（公式）。

(2)定义两种链路的性能指标有永久链路（Permanent Link）与通道（Channel）。

(3)定义现场测试仪和网络分析仪比较的方法。

(4)性能的测试限基于元件的性能指标、元件互连的“实际情况”和安装工艺的影响。

3．现场测试的参数

(1)Wire Map 接线图（开路/短路/错对/串绕）。

（2）Length 长度。

（3）Attenuation 衰减。

（4）NEXT 近端串扰。

（5）Return Loss 回波损耗。

（6）ACR 衰减串扰比。

（7）Propagation Delay 传输时延。

（8）Delay Skew 时延差。

（9）PS NEXT 综合近端串扰。

（10）EL FEXT 等效远端串扰。

（11）PS ELFEXT 综合等效远端串扰。

测试内容

1．对实训 3—实训 5 中安装的双绞线链路进行测试

2．对实训室的一条光缆链路进行测试

操作步骤

1．FLUKE DSP-4300 认证测试操作指南

2．DSP-4x00 系列产品图

 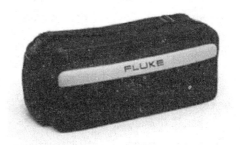

（1）主机与智能端   （2）软包

（3）PSP-LIA101S 永久链路适配器   （4）个性化模块

图 23-1 DSP-4x00 系列产品

3．主端的控制功能

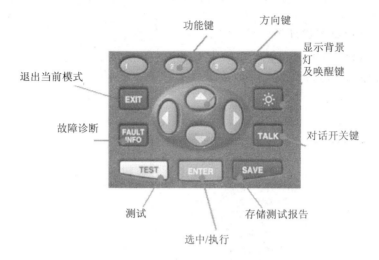

功能键
方向键
显示背景灯及唤醒键
退出当前模式
故障诊断
对话开关键
测试
存储测试报告
选中/执行

图 23-2 主端控制面板示意

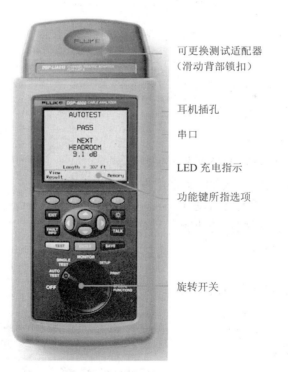

可更换测试适配器
（滑动背部锁扣）

耳机插孔

串口

LED 充电指示

功能键所指选项

旋转开关

图 23-3 主机终端详解

4．远端的控制和功能

面板显示项：

- Test Pass 测试通过
- Test in Progress 测试在进行中
- Test Fail 测试失败
- Talk set active 激活对话
- Low Battery 电池电量过低

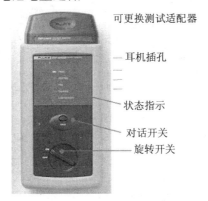

图 23-4　远程终端的详解

5．测试准备

去现场前：

- 查看电池电量。
- 主端/远端校准。
- 确认所测线缆的类型及方式。
- 携带相应的测试适配器及附件。
- 检查测试适配器的设置
- 检查测试适配器的功能
- 运行自测试

维护工作：

- 下载最新的升级软件
- 主端和远端充满电
- 主端和远端校准
- 运行自测试
- 校准永久链路适配器（为增加精确度的选件）

6. 线缆测试设置——连接

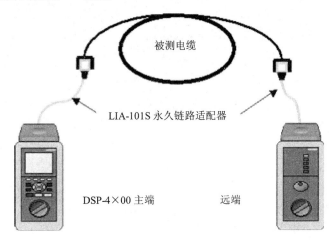

图 23-5　测试线缆连接

7. 特殊功能

（1）设置非屏蔽双绞线测试

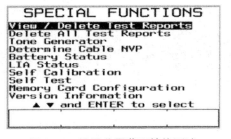

图 23-6　设置非屏蔽双绞线测试

注：SPECIAL FUNCTIONS：特殊功能；

　　View/Delete Test Reports：查看或删除测试报告；

　　Delete All Test Reports：删除所有测试报告；

　　Tone Generator：音频发生器；

　　Determine Cable NVP：定义 NVP 值；

　　Battery Status：电池电量状态；

　　LIA Status：适配器使用状态查看；

　　Self Calibration：自校准；

　　Self Test：自测试；

　　Set Fiber Reference：设置光纤基准；

　　Fiber option self test：光纤选择自测试；

　　Memory Card Configuration：内存卡配置；

　　Version Information：版本状态。

（2）设置光纤测试

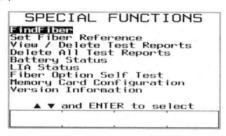

图 23-7　设置光纤测试

注：同图 23-6。

8. 自校准/自检测

● DSP 测试仪的主端和远端应该每月做一次自校准

● 用自测试来检查硬件情况

● 主端和远端的连接模式

图 23-8　主端和远端连接示意

● 选中"Self Calibration"（自校准）

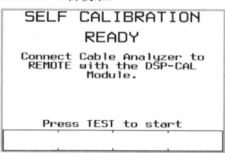

图 23-9　仪器自校标准操作（1）

注：同图 23-6。

● 按 ENTER 键
● 按 TEST 键

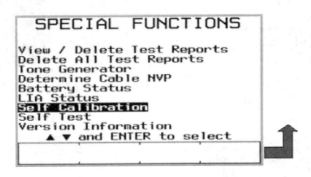

图 23-10　仪器自校标准操作（2）

注：同图 23-6。

9. 其他设置选项

● 编辑报告标识
● 图形数据存储
● 设置自动关闭电源时间
● 关闭或启动测试伴音
● 选择打印机类型
● 设置串口
● 设置日期时间
● 选择长度单位：英尺 /米
● 选择数字格式
● 选择打印 / 显示语言
● 选择 50 Hz 或 60 Hz 电力线滤波器
● 选择脉冲噪声故障极限
● 选择精确的频段指示

10. 自动测试

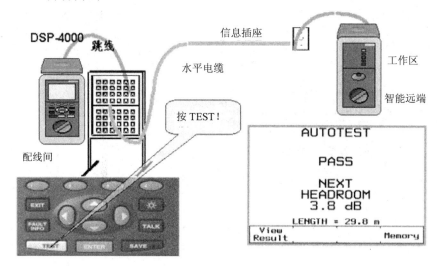

图 23-11 自动测试示意

11. 自动测试结果
● 指示结果，通过或失败
● 所有的测试都需选择参照的标准
● 按"View Result"按钮来查看每个结果
12. UTP 认证测试
首先查看布线系统
● 查看所有相关线缆
● 确认连接器和线缆级别
● 查看布线路由和终端情况
认证测试操作
● 设置相应规格的测试标准
● 执行测试，纠正错误
● 保存结果，记录标识
生成测试报告
● 下载测试结果到计算机
● 存为某种格式电子文档
● 打印出报告

图 23-12　认证测试保存结果

实训 24 综合布线工程验收实训

一、实训目的及要求

通过训练要求：掌握现场验收的内容和过程，掌握验收文档的内容。

二、实训器材

1.《综合布线工程验收规范》

2.计算机及办公软件

三、实训内容

1.现场验收

1）工作区子系统验收

（1）线槽走向、布线是否美观大方、符合规范。

（2）信息座是否按规范进行安装。

（3）信息座安装是否做到一样高、平、牢固。

（4）信息面板是否都固定牢靠。

（5）标识是否齐全。

2）水平干线子系统验收

（1）槽安装是否符合规范。

（2）槽与槽，槽与槽盖是否接合良好。

（3）托架、吊杆是否安装牢靠。

（4）水平干线与垂直干线、工作区交接处是否出现裸线？有没有按规范去做。

（5）水平干线槽内的线缆有没有固定。

（6）接地是否正确。

3）垂直干线子系统验收

垂直干线子系统的验收除了类似于水平干线子系统的验收内容，还要检查楼层与楼层之间的洞口是否封闭，以防火灾出现时，成为一个隐患点。线缆是否按间隔要求固定？拐弯线缆是否留有弧度？

4）管理间、设备间子系统验收

（1）检查机柜安装的位置是否正确；规格、型号、外观是否符合要求。

（2）跳线制作是否规范，配线面板的接线是否美观整洁。

5）线缆布放

（1）线缆规格、路由是否正确。

（2）对线缆的标号是否正确。

（3）线缆拐弯处是否符合规范。

（4）竖井的线槽、线固定是否牢靠。

（5）是否存在裸线。

（6）竖井层与楼层之间是否采取了防火措施。

6）架空布线

（1）架设竖杆位置是否正确。

（2）吊线规格、垂度、高度是否符合要求。

（3）卡挂钩的间隔是否符合要求。

7）管道布线

（1）使用管孔、管孔位置是否合适。

（2）线缆规格。

（3）线缆走向路由。

（4）防护设施。

2．技术文档验收

1）FLUKE 的 UTP 认证测试报告

2）网络拓扑图

3）综合布线逻辑图

4）信息点分布图

5）机柜布局图

6）配线架上信息点分布图

实训 25　项目管理与工程监理

一、实训目的及要求

1．了解施工进度管理内容和方法、掌握工程预算和成本控制方法；
2．培养现场监控能力和文档管理及招标书编制的能力；
3．培养工程监理组织、工程监理实施及投标书编制的能力。

二、实训器材

1．计算机及办公软件；
2．会议室一间。

三、实训内容

（一）项目管理
1．了解掌握工程概况
2．制定工程管理组织结构及人员安排
● 工程管理机构
● 工程总负责人
● 项目管理部
● 商务管理部
● 项目经理部
● 质安部
● 施工部
● 物料计划统筹部
● 资料员
● 项目经理简介

- 项目管理人员名单

3. 现场施工及主要管理措施

- 图纸会审
- 制定管理细则
- 进行技术交底
- 工程变更要记录并与用户协商
- 确定综合布线施工步骤
- 协调与第三方施工的配合
- 对施工现场人员管理
- 制定质量保证措施
- 制定安全保障措施
- 制定成本控制措施
- 施工前计划
- 施工过程中的控制
- 工程实施完成的总结分析
- 制定验收标准及方案
- 施工进度管理，制定综合布线系统工程施工组织进度表
- 施工机具管理

（二）综合布线工程监理要点

目前，综合布线系统已经广泛应用在智能建筑中，它是智能建筑的一个重要组成部分。当前，由于信息技术发展非常迅猛，新技术、新产品、新方案层出不穷，而大多数单位缺乏精通信息技术的人员，缺少信息建设的经验。在面对众多IT商家提出的许多产品方案和技术方案时，感到无所适从，难以有效地判别和选择，以确定最优秀的方案和最合适的承包商；而在信息系统工程项目实施过程中，这些单位对于如何进行有效的监督和监理，也十分为难。这些问题解决不好，必将导致在方案的确定、产品的供应和工程项目的实施以及未来运行和维护等各方面出现严重失误，以至于无法在质量、进度、成本等方面达到工程项目建设的预期目标，更不用说产生应有的经济效益和社会效益。一般情况下，在大型工程项目中，建设单位会请专业的监理公司负责整个工程过程的监理工作，而在小型工程中，大多数单位是自行负责工程过程的监理。无论怎样，都应重视在综合布线工程中的工程监理，才能保证工程的质量。

1. 工程监理的职责及控制目标

工程监理的职责是参与和协助工程实施过程的有关工作，控制工程建设规划

和投资规模、建设工期和工程质量，协调有关单位之间的工作关系。

工程投资控制，是指综合布线工程建设所需全部费用，包括设备、材料、工器具购置、安装工程费和其他费用组成，投资控制表在前期阶段、设计阶段、建设项目发展阶段和建设实施阶段所发生的变化，控制在批准的投资限额以内，并随时纠正发生的偏差，以保证投资目标的实现，综合布线投资目标也会随着主体建筑需求的变化相应作出调整，需要分阶段进行修正，其总的目标仍然是建立在保证质量和进度的基础上合理控制限额。

建设工期即工程进度是指对综合布线项目实施各建设阶段的工作内容、工作程序、持续时间和衔接关系等编制计划进度流程表并予以实施。在实施过程中经常检查实际进度是否按计划要求进行，对出现的偏差分析原因，采取补救措施或调整、修改原计划，直到工程竣工，交付使用。

质量控制主要表现在工程合同、设计文件、技术规范规定的质量标准。工程质量项目控制就是为保证达到工程合同规定的质量标准而采取的一系列措施手段和方法。

2．综合布线工程监理的三个阶段

（1）工程设计阶段的质量监理

设计招标是综合布线系统工程的首要环节，能否选择适合的设计单位，将直接影响到整个综合布线系统的后续工作。所以，建设单位在草拟招标文件时，就应该在设计资质、设计业绩、服务质量等几个方面对投标单位提出要求。在发标前，应对设计单位多做一些了解和调研。设计开标后，对投标文件进行评议，审查投标单位提交的设计方案，按照以下内容评议：制定方案设计的依据；技术方案是否完整，是否符合规范标准要求；主要性能指标是否满足要求；设备选型是否合理可行；系统及功能是否满足要求；报价是否合理并符合要求。最终根据选定的方案确定设计单位。

方案选定后，尽快签订设计合同书，并严格监督管理合同的实施情况。

在设计合同实施阶段，工程监理依据设计任务批准书编制设计资金使用计划、设计进度计划、设计质量标准要求，与设计单位协商，达成一致意见，贯彻建设单位的意图。对设计工作进行跟踪检查、阶段性审查；设计完成后，要对设计文件进行全面审查，主要内容有：

①设计文件的完整性、标准是否符合规范规定要求、技术的先进性、科学性、安全性、施工的可行性；

②设计概算及施工图预算的合理性以及建设单位投资能力的许可性；

③全面审查设计合同的执行情况，核定设计费用。

在设计之前确定项目投资目标，设计阶段开始对投资进行宏观控制，持续到工程项目的正式动工。设计阶段的投资控制实施得是否有效，将对项目产生重大影响。同时，设计质量将直接影响整个项目的安全可靠性、实用性，同时对项目的进度、质量产生一定的影响。

（2）工程施工阶段的质量监理

进行工程施工招标，编制综合布线工程项目施工招标文件。标书编制好以后，由建设单位组织招标、投标、开标、评标等活动，实际情况中很多设计单位同时也是施工单位。

中标单位选定并签订施工合同后，建设单位要制定总体施工规划，察看工程项目现场，向施工单位办理移交手续，审查施工单位的施工组织设计和施工技术方案，确定开工日期，下达开工令。

1）开工后的工程监理要点

① 协助审核下确定合格分承包方。

② 明确设备器材的分类。

③ 明确设备器材进货检验规程。

④ 本工程所用的线缆以及连接硬件的规格、参数、质量、核查器材检验记录。

⑤ 本工程所用的线缆、型号是否符合设计和合同的要求，线缆识别标识、出厂合格证是否齐全；组织进行电缆电气性能抽样测试，做好记录，严禁不合格产品进入现场。

⑥ 施工单位的质量保证体系和安全保证体系。

⑦ 审查承包商提交的细部施工图。

2）在线缆布放前的监理要点

① 各种型材、管材和铁件的材质、规格、型号是否符合设计文件的要求，其表面是否完好。

② 各种线槽、管道、孔洞的位置、数量、尺寸是否与设计文件一致；抽查各种管道口的处理情况是否符合要求，引线、拉线是否到位；信息插座附近是否有电源插座，距地高度是否协调一致。

③ 各种电缆桥架的安装高度、距顶棚或其他障碍物的距离是否符合规范要求；线槽在吊顶安装时，开启面的净空距离是否符合规范要求。

④ 各种地面线槽交叉、转弯处的拉线盒，以及因线槽长度太长而安装的拉线盒与地面是否平齐，是否采取防水措施；各种预埋暗管的转弯角度及其个数和暗盒的设置情况；暗管转弯的曲率半径是否满足施工规范要求；暗管管口是否有绝缘套管，是否进行了封堵保护，管口伸出部位的长度是否满足要求。

⑤ 当桥架或线槽水平敷设时，支撑间距是否符合规范要求，垂直敷设时其固定在建筑物上的间距是否符合规范要求；当利用公用立柱布放线缆时，检查支撑点是否牢固。

3）线缆敷设监理要点

① 各种线缆布放要自然平直，不得产生扭绞、打圈接头等现象；路由、位置是否与设计相一致；抽查线缆起始、终端位置的标签是否齐全、清晰、正确。

② 电源线、信号电缆、对绞电缆、光缆以及建筑物其他布线系统的线缆分离情况，其最小间距是否满足规范要求。

③ 线缆在交接间、设备间、工作区的预留长度是否满足设计和规范要求，光缆在设备端的预留长度是否满足要求；大对数电缆、光缆的弯曲半径是否满足规范要求，在施工线缆布放过程中，吊挂线缆的支点、牵引端头是否符合要求；水平线槽布放时，线在进出线槽部位、转弯处是否绑扎固定；垂直线槽布放时，缆线固定间隔是否满足规范要求；线槽、吊顶支撑柱布线时，线缆的分束绑扎情况及线槽占空比是否满足规范要求。在钢管、线槽布线时，严禁线缆出现中间接头。

4）设备安装监理要点

① 机柜、机架底座位置与成端电缆上线孔是否对应，如偏差较大，通知施工单位进行矫正，检查跳线是否平直、整齐；机柜直列上下两端的垂直度，如偏差超过 3 mm，通知施工单位进行矫正；检查机柜、机架的底座水平达到 2 mm，也应通知承包商进行矫正；检查机柜的各种标识是否齐全、完整。

② 总配线架是否按照设计规范要求进行抗震加固；其防雷接地装置是否符合设计或规范要求，电气连接是否良好。

5）线缆终接监理要点

① 缆线中间不允许有接头、缆线的标签和颜色相对应，检查无误后，方可按顺序终接。

② 检查缆线终接是否符合设备厂家和设计要求；终接处是否卡接牢固、接触良好；电缆与插接件的连接是否匹配，严禁出现颠倒和错接。

6）对绞电缆终接监理要点

① 对绞电缆终接时，应抽查电缆的扭绞长度是否满足施工规范的要求；剥除电缆护套后，抽查电缆绝缘层是否损坏。认准线号、线位色标、不得颠倒和错接。

② 对绞线与信息插座的模块化插孔连接时，检查色标和线对卡接顺序是否正确；双绞线与信息插座的卡接端子连接时，检查卡接的顺序是否正确（先近后远、先下后上）；双绞线与接线模块（IDC、RJ-45）卡接时，检查卡接方法是否满足设计和厂家要求。

③ FTP/STP 的屏蔽层与插接件终端处屏蔽罩是否可靠接触，接触面和接触长度是否符合施工要求。

7）光缆芯线终接的质量检查要点

① 光纤连接盒中，光纤的弯曲半径至少应为其外径的 15 倍；光纤连接盒的标识应清楚、安装应牢固。

② 光纤熔接或机械接续完毕，熔接或接续处是否牢固，是否采取保护措施；光纤的接续损耗测试是否满足规范要求，必要时应抽查；光跳线的活动连接器是否干净、整洁，适配器插入位置是否与设计要求相一致。

（8）系统测试监理要点

① 测试用的仪表应具有计量合格证，验证有效性。否则不得在工程测试中使用；测试仪表功能范围及精度应规范规定，满足施工及验收要求。

② 测试仪表应能存储测试数据并可输出测试信息。

③ 测试前，复查设备间的温度、湿度和电源电压是否符合要求。

④ 系统安装完成后，施工单位应进行全面自检，监理人员抽查部分重要环节。

⑤ 测试发现不合格，要查明原因，及时改正，直至符合设计和规范要求。

⑥ 测试记录应真实，打印清晰，整理归档。

⑦ 电缆敷设完毕，除进行导通测试、感官检验外，还应进行综合性校验测试，其现场测试的主要参数为：接线图、链路长度、衰减、近端串扰。

对于 Cat5e、Cat6 线缆还需增加以下指标的测试：特性阻抗、直流电阻、远方近端串扰、综合近端串扰、近端串扰与衰减差、等效远端串扰、远端等效串扰总和、传播时延、回波损耗等，测试完毕，如实填写系统综合性校验测试记录表。

3. 工程竣工验收阶段的工程监理

工程完工后，所有进货检验、过程检验、系统测试均完成。结果已满足设计及规范规定要求，才可进行最终的施工验收。

验收的项目和内容参照施工单位及验收规范进行。

验收方法：由施工单位填写验收申请表；由建设单位、施工单位、监理单位组织竣工验收。验收如发现不合格项，应由建设单位、施工单位、监理单位协商查明原因，分清责任，提出解决办法，并责成责任单位限期解决。

施工中遗留问题的处理，由于各种原因，遗留一些零星项目暂不能完成的要妥善处理，但不能影响办理整体验收手续，应按内容及工程量留足资金，限期完成。

综合布线系统工程竣工后，在全面自检基础上，施工单位应在竣工验收前，将全套文件、资料按规定的份数交给建设单位。竣工资料应内容齐全、数据准确、保证质量、外观整洁，其内容有：全套综合布线设计文件、工程施工合同、工程质量监督机构核定文件、施工图纸、设备技术说明书、工程变更记录、随工验收记录、工程洽谈记录、系统测试记录、隐蔽工程签证、随工验收记录、安装工程量表、设备器材明细表等。

　　综上所述，工程监理在综合布线工程整个实施过程中，起着非常重要的作用。监理工作本身就是一种促使人们相互协作、按规矩办事的工作。从质量管理的角度出发，依据各种相关规范规定和要求指导工作，对工程建设参与者的行为及其责、权、利进行必要的协调和约束。只要工程监理方责任心强，认真履行监理职责，工程质量就必然得到有效保证，就不会有 50%以上的工程不合格。